Toto Makiso Lwanga

Prévalence des ravageurs au sein des agrosystèmes à bananiers

Toto Makiso Lwanga

Prévalence des ravageurs au sein des agrosystèmes à bananiers

Regard sur le milieu forestier de la région de Kisangani (R.D.C)

Presses Académiques Francophones

Impressum / Mentions légales
Bibliografische Information der Deutschen Nationalbibliothek: Die Deutsche Nationalbibliothek verzeichnet diese Publikation in der Deutschen Nationalbibliografie; detaillierte bibliografische Daten sind im Internet über http://dnb.d-nb.de abrufbar.

Information bibliographique publiée par la Deutsche Nationalbibliothek: La Deutsche Nationalbibliothek inscrit cette publication à la Deutsche Nationalbibliografie; des données bibliographiques détaillées sont disponibles sur internet à l'adresse http://dnb.d-nb.de.

Coverbild / Photo de couverture: www.ingimage.com

Verlag / Editeur:
Presses Académiques Francophones
ist ein Imprint der / est une marque déposée de
OmniScriptum GmbH & Co. KG
Heinrich-Böcking-Str. 6-8, 66121 Saarbrücken, Deutschland / Allemagne
Email: info@presses-academiques.com

Herstellung: siehe letzte Seite /
Impression: voir la dernière page
ISBN: 978-3-8416-3632-4

DEDICACE

A tous ceux ont les bananes comme aliment de base

A tous les planteurs victimes d'impitoyables attaques des bio-agresseurs des bananiers

A tous ceux qui s'investissent dans la recherche et la vulgarisation de moyens biologiques
de lutte contre les ennemis de culture, des bananiers en particulier

A tous ceux qui sont impliqués dans les diverses filières des bananes

A tous ceux qui se préoccupent à vaincre la faim dans le monde

Je dédie le présent travail

REMERCIEMENTS

A l'issue du présent travail, il m'est agréable, de devoir exprimer ma profonde gratitude aux nombreuses personnes qui ont contribué d'une manière ou d'une autre à sa réalisation.

Je tiens tout d'abord à adresser toute ma gratitude aux Professeurs Benoît DHED'A DJAILO et Jean-Louis JUALALY MBUMBA, Promoteurs du présent mémoire dont les orientations, depuis le protocole jusqu'à la version finale, lui ont donné forme et fond satisfaisant. Leurs qualités scientifiques et sociales me sont restées une source d'inspiration. A eux, je dis infiniment merci et « *Duc in altum* ». Je ne saurais oublier les corrections et les remarques du Docteur Joseph ADHEKA m'apportées au cours de l'encadrement du présent travail.

Je remercie grandement l'Union Européenne et le CIFOR (Centre International pour la Recherche Forestière) dont l'appui financier et matériel, ont permis la réalisation de la formation subie en master dans les conditions irréprochables. Mes remerciements s'adressent également à la coordination du projet Forêt et Changement Climatique au Congo (FCCC) et ses partenaires, dont le savoir-faire a permis que cette formation aboutisse à son terme. Je ne peux guère passer sous silence la serviabilité de l'équipe permanente du RSD : Mesdames GLORIA, BELY, SOLANGE, NIKA et BEATRICE.

Je remercie aussi toutes les autorités de la Faculté des Sciences de l'Université de Kisangani et plus spécialement tous les professeurs qui ont contribué à notre formation. Je ne pourrais oublier l'équipe des professeurs visiteurs (SYLVIE GOURLET, PAOLO CERUTTI, BOURLAND, INGRAM, VANVLIET, LEUJEUNE, DAPHNE, ANDREW, JAN KENNIS, QUENTIN DUCENNE…). Une mention est adressée aux membres de la Cellule d'accompagnement Pédagogique et Scientifique (CAPS). Je songe particulièrement au Professeur KAHINDO. Je serai ingrat de ne pas saluer la contribution de monsieur CRISPIN LEBISABO du laboratoire de Génétique, Biotechnologie, Amélioration des plantes et phytopathologie, qui m'a initié à l'identification des nématodes.

Que mon épouse KASWERA KYUNYU Léa, nos fils PRECIEUX MAKISO et José NDAMBINDO, leurs oncle et tante : Moise MUSAVULI et Désanges MWAMBA ressentent joie et consolation dans cette phrase du présent travail qui sanctionne la fin de mes études de master qui leur ont coûté mon absence au ménage. Mes gratitudes convergent également à toute la famille KAMATE, à ma Belle Famille MBOKANI KYUNYU et à mes familles relationnelles : Pasteur ISAIE, papa KUHIMBA, maman CAROL la ministre, maman colonel KYALWAHI, MUHINDO KATSUHIRE Demuhi, Désiré KAKULE, l'inséparable SHAIDI,… pour leurs prières, soutiens et vœux à notre succès.

Que les collègues de service et la grande famille des Etudiants de l'ISDR-Beni et de l'Université Officielle de la Semuliki ressentent au travers cette phrase les vibrations de mon profond amour à eux.

Ir MAKISO LWANGA Toto

Table des matières

Dédicace..2

Remerciements 3

Tables des matières..4

Liste des figures...6

Résumé...8

Summary...9

Chapitre I : INTRODUCTION GENERALE... 10

   1.1.   Contexte de l'étude... 130

   1.2.   Revue de la littérature sur les systèmes de culture des bananiers........................ 152

      1.2.1.   Culture de case des bananiers.. 152

      1.2.2.   Culture des bananiers en jachère 16

      1.2.3.   Culture des bananiers en foret 16

      1.2.4.   Culture des bananiers en système agroforestier 17

   1.3.   Etat de connaissances sur les ravageurs des bananiers.. 19

      1.3.1.   Le charançon du bananier.. 19

      1.3.2.   Les nématodes de bananiers…...9

   1.4.   Problématique de l'étude... 23

   1.5.   Hypothèses de travail 26

   1.6.   Objectifs et intérêt de l'étude 26

   1.7.   Subdivision du travail.. 27

Chapitre II : MILIEU, MATERIEL ET METHODES... 28

   2.1. MILIEU D'ETUDE... 28

      2.1.1. Localisation des sites d'étude dans la région de Kisangani.......................... 28

      2.1.2. Données géologiques et pédologiques de la région de Kisangani.................... 29

      2.1.3. Données éco-climatiques.. 30

      2.1.4. Végétation de la région de Kisangani... 31

   2.2. Approche méthodologique de l'étude 33

      2.2.1. Echantillonnage 33

      2.2.2. Paramètres observés 35

      2.2.3. Déroulement des observations... 35

      2.2.5. Méthodes d'analyses des résultats... 38

Chapitre III : RESULTATS 41

   3.1. Les caractéristiques des sols au sein des systèmes de culture des bananiers de la région de Kisangani.. 41

      3.1.1.   Les caractéristiques physiques des sols au sein des systèmes de culture des bananiers de la région de Kisangani.. 41

3.1.2. Les caractéristiques chimiques des sols au sein des systèmes de culture des bananiers de la région de Kisangani 42

    3.1.3. Les affinités entre les systèmes de culture et les caractéristiques physico-chimiques des sols de bananeraies en région de Kisangani 42

3.2.   L'infestation du charançon des bananiers au sein des systèmes de culture 43

    3.2.1.   La prévalence et la sévérité des attaques du charançon des bananiers selon les systèmes de culture de la région de Kisangani 44

    3.2.2.   La prévalence et la sévérité des attaques du charançon des bananiers selon les cultivars dans la région de Kisangani.. 46

    3.2.3.   La prévalence et la sévérité des attaques du charançon selon l'âge des bananeraies de la région de Kisangani.. 47

    3.2.4.   Prévalence et sévérité des attaques du charançon des bananiers selon les caractéristiques culturales et édaphiques des bananeraies.. 50

3.3.   La prévalence et la diversité des nématodes des bananiers au sein des systèmes de culture de la région de Kisangani.. 51

3.3.1.   La prévalence et la diversité des nématodes des bananiers selon les systèmes de culture en région de Kisangani.. 51

    3.3.2.   La prévalence et la diversité des nématodes des bananiers selon les cultivars de la région de Kisangani.. 55

    3.3.3.   La prévalence et la diversité des nématodes selon l'âge des bananeraies 56

    3.3.4.   Influence des caractéristiques culturales et édaphiques des bananeraies de la région de Kisangani sur l'abondance des taxa de nématodes.. 58

Chapitre IV : DISCUSSIONS 59

    4.1.1. La prévalence et la sévérité du charançon des bananiers au sein des systèmes de culture de la région de Kisangani 60

    4.1.2. La prévalence et la diversité des nématodes des bananiers selon les systèmes de culture de la région de Kisangani 62

    4.1.4. La prévalence et la sévérité du charançon des bananiers selon les cultivars dans la région de Kisangani 64

    4.1.5. La prévalence et la diversité des nématodes des bananiers selon les cultivars en région de Kisangani... 65

4.2. Les influences des caractéristiques agro-écologiques des agrosystèmes sur la prévalence et la diversité des ravageurs des bananiers... 66

    4.2.1. La prévalence et la sévérité du charançon des bananiers selon les caractéristiques physico-chimiques des sols... 66

    4.2.2. La prévalence et la sévérité du charançon des bananiers selon l'âge de bananeraie dans la région de Kisangani.. 67

    4.2.3. La prévalence et la diversité des nématodes des bananiers selon les caractéristiques physico-chimiques des sols de la région de Kisangani... 68

CONCLUSION 70

Références bibliographiques 72

ANNEXES 75

LISTE DES FIGURES

Figure 1 : système de culture des bananiers en jardin de case 6

Figure 2 : Système de culture des bananiers en jachère 6

Figure 3 : Système de culture des bananiers en forêt secondaire 6

Figure 4 : Système agroforestier des bananiers 6

Figure 5 :Bulbes de bananier attaqués à différents niveaux par le charançon 24

Figure 6 : Niveaux d'infection des racines des bananiers par les nématodes 22

Figure 7 : Localisation des sites d'étude selon les axes routiers de Kisangani. 28

Figure 8 : Image satellitaire montrant le recul de la forêt autour de la ville de Kisangani 31

Figure 9 : Dégainage du bulbe en vue de la mise en nu des galeries de charançons 36

Figure 10 : Barème de cotation de l'infestation du charançon de bananiers 24

Figure 11 : Découpage et pesée de petits fragments des racines de bananiers 37

Figure 12 : Dispositif d'extraction des nématodes bananiers 37

Figure 13 : Identification au microscope des nématodes extraits de racines des bananiers 38

Figure 14 : Caractéristiques physiques des sols de bananeraies selon les systèmes de culture 41

Figure 15 : Caractéristiques chimiques des sols de bananeraies selon les systèmes de culture 42

Figure 16 : ACP des systèmes de culture des bananiers selon leurs caractéristiques édaphiques 43

Figure 17: Prévalence et sévérité des attaques du charançon des bananiers selon les systèmes de culture 45

Figure 18 : Niveaux d'infestation du charançon de bananier selon les systèmes *37*

Figure 19 : Prévalence et sévérité des attaques du charançon des bananiers selon les cultivars 46

Figure 20 : Niveaux d'infestation du charançon de bananier selon les cultivars 47

Figure 21 : Taux d'attaque et indice de sévérité des attaques du charançon selon l'âge de bananeraie 48

Figure 22 : Niveaux d'infestation du charançon selon l'âge de bananeraie 48

Figure 23 : Corrélation et régression entre taux d'attaque du charançon des bananiers et l'âge de bananeraies 49

Figure 24 : Régression et corrélation entre l'indice de sévérité des attaques du charançon et l'âge de bananeraies 49

Figure 25 : ACP de l'infestation du charançon selon les caractéristiques physiques des   sols.....43

Figure 26 : Prévalence des attaques de nématodes de bananiers selon les systèmes de culture 51

Figure 27 : Indices écologiques de nématodes des bananiers au sein des systèmes de culture 52

Figure 28 : Abondance de taxa de nématodes de bananiers selon les systèmes de culture 53

Figure 29 : Densité moyenne de nématodes de bananiers selon les systèmes de culture 53

Figure 30 : Densité moyenne de nématodes de bananiers selon les taxa au sein de système de culture 54

Figure 31 : Indices écologiques de la faune nématologique selon les cultivars des bananiers 55

Figure 32 : Densité moyenne de taxa de nématodes de bananiers selon les cultivars 56

Figure 33 : Indices écologiques de la faune nématologique selon l'âge des bananeraies 57

Figure 34 : Prévalence et densité moyenne des taxa de nématodes selon l'âge de bananeraie 58

Figure 35 : ACP des taxa de nématodes des bananiers selon les caractéristiques culturales et physico-chimiques des sols 59

Résumé

L'objectif de cette étude a été d'évaluer le potentiel de régulation de ravageurs de bananiers au sein des systèmes de culture en appréciant leur influence ainsi que celle des caractéristiques agro-écologiques des bananeraies sur la diversité et la prévalence de ces ravageurs.

Pour la collecte des données indispensables à la réalisation de la présente étude, les investigations ont été menées dans 7 sites et ont porté sur 27 bananeraies réparties dans 4 systèmes de culture à base de bananiers identifiés dans la région de Kisangani. Il s'agit de la culture en jardin de case, en jachère, en forêt secondaire vieille et en système agroforestier. Dans chaque bananeraie, 5 à 10 souches ont été judicieusement prospectées. Sur chaque souche déterrée, une dizaine des racines fonctionnelles ont été prélevées, puis soumises à des observations sur leur éventuelle infection par des nématodes. En même temps, les rhizomes ont été soumis à une évaluation du niveau d'infestation de charançons. Cette évaluation a consisté à décortiquer progressivement le pourtour du rhizome en recensant les galeries de charançons.

D'après les résultats obtenus, les attaques de charançon des bananiers ont été évaluées à 53,3% au sein du système agroforestier contre 49,9% en forêt secondaire, 72,9% en jachère et 71,4% en jardin de case. Par contre, le système agroforestier et celui en forêt secondaire ont renfermé les faibles densités moyennes des nématodes estimées à 55 et 74 individus pendant que la jachère et le jardin de case en ont les plus élevées estimées respectivement à 103 et 121 individus. Dans la région de Kisangani, la prévalence moyenne des attaques du charançon de bananiers est évaluée autour de 62% avec une sévérité moyenne de près de 30%. Par contre, la prévalence moyenne de nématodes est de 75% avec une densité moyenne de 10 individus par souche. Ainsi, la prévalence, la sévérité et la diversité tant du charançon que de nématodes de bananiers, sont réduit de 20 à 30% en système agroforestier et en forêt secondaire, par rapport aux systèmes en jachère et en jardin de case, quel que soit l'âge de la bananeraie. Toutefois, la prévalence tant des nématodes que du charançon des bananiers est faiblement corrélée à l'âge de la bananeraie pendant que la diversité tout comme la sévérité y sont négativement corrélées.

Par ailleurs, la présente étude a mis en évidence les 9 genres de nématodes suivants : *Criconematida, Discocriconemella, Heterodera, Meloidogyne, Radopholus, Nacobbus* et *Hirschmanniella, Helicotylenchus, Scutellonema* et *Pratylenchus*. Ceux-ci se répartissent différemment suivants les caractéristiques physico-chimiques du sol et aux cultivars de bananiers.

Mots clés : *Système de culture, ravageurs, charançon, nématodes, prévalence, sévérité, diversité*

SUMMARY

The aim of this study was to assess the pest potential regulation in cropping systems while assessing their influence as well as that of the agro-ecological characteristics of banana plantations on diversity and the impact of these pests.

For the collection of essential data for the realization of this study, investigations were conducted in 7 sites and covered 27 banana plantations in 4 cropping systems based on banana identified in the Kisangani region whose home garden, fallow, old secondary forest and agroforestry system. In each banana, 5-10 strains were carefully prospected. Each strain unearthed a dozen of functional roots were collected, and subjected to the observation on their eventual infection by nematodes. To the contrary, the rhizomes were subjected to an evaluation of the level of weevil infestation. This assessment was to analyze progressively the edge of the rhizome while identifying weevil galleries.

According to our results, the banana weevil attacks were estimated at 53.3% in the agroforestry system against 49.9% in secondary forest, 72.9% in fallow and 71.4% in home garden. In contrast, the agroforestry system and the secondary forest have the smallest average densities of nematodes estimated at 55 and 74 individuals while fallow and the home garden have respectively 103 and 121 individuals.

In the region of Kisangani, the average prevalence of banana weevil attacks is estimated around 62% with an average severity of almost 30%. In contrast, the average prevalence of nematodes is 75% with an average density of 10 individuals per strain. Thus, the prevalence, severity and diversity are reduced from 20-30% as well as for weevil and nematodes in agroforestry system and secondary forest, compared to fallow systems and home garden, whatever the age of the plantation. However, the prevalence of nematodes and banana weevil is weakly correlated with the age of the plantation while the diversity and the severity correlate strongly with it in the negative direction.

This study emphasized finally the following types of nematodes 9: Criconematida, Discocriconemella, Heterodera, Meloidogyne, Radopholus, Nacobbus and Hirschmanniella, Helicotylenchus, Pratylenchus and Scutellonema. These react differently to physical and chemical characteristics of the soil and banana cultivars

Keywords: *Cropping system, pests, weevils, nematodes, impact, severity, diversity.*

Chapitre I : INTRODUCTION GENERALE

1.1. Contexte de l'étude

De nos jours, la forêt tropicale africaine constitue à l'échelle mondiale, un enjeu politique, économique, scientifique et affectif. En plus de l'exploitation des bois d'œuvre, elle est de plus en plus soumise à une forte action destructrice à des fins d'agriculture (CHAVE, 1999). Sa destruction semble encore plus accrue dans la région forestière du bassin du Congo, où le défi de préserver les écosystèmes forestiers se greffe à celui de réduire la faim et la misère.

Dans cette région forestière, les problèmes alimentaires sont très préoccupants et vont en s'aggravant. Les rendements de culture de grande prédilection baissent continuellement à la suite de l'augmentation considérable des pertes dues aux attaques parasitaires. L'espoir d'augmenter la production alimentaire dans cette région réside dans l'agrandissement des surfaces agricoles, souvent aux dépens de la forêt où les sols sont plus fertiles et où les cultures sont moins sujettes aux attaques parasitaires (MARIEN, 2013).

Face à l'accroissement rapide des populations dans la plupart des pays d'Afrique en général et dans la région forestière du Congo en particulier, d'importantes révolutions doivent être opérées dans les systèmes de productions agricoles afin d'aplanir la distorsion entre la demande et la production alimentaires (LORIOUX, 2008). La pertinence de ces révolutions agricoles réside dans les enjeux actuels de la croissance économique, de la sécurité alimentaire et de la réduction de la déforestation. En effet, la population sub-saharienne devra doubler d'ici 2050. Or, tout accroissement de la population a pour conséquence l'augmentation des besoins alimentaires. La satisfaction de la demande alimentaire passe dès lors soit par l'augmentation des surfaces agricoles, soit par la hausse des rendements (TILMAN, 2002).

Dans le premier cas, les zones naturelles, espaces vierges et fertiles, sont souvent privilégiés pour les cultures. C'est cette stratégie qui a prévalu dans les pays dits industrialisés et qui prévaut encore aujourd'hui dans de nombreux pays du Sud où la défriche sur brûlis de la forêt est une pratique toujours d'actualité. Le meilleur exemple en est la disparition rapide et particulièrement documentée de la forêt amazonienne sous la pression de l'agriculture. Dans le second cas, la hausse des rendements est très souvent associée à une intensification des pratiques agricoles, au détriment de la biodiversité dont l'habitat disparaît et la diversité se trouve considérablement réduite (DUCOURTIEUX, 2005).

La République Démocratique du Congo et plus particulièrement la ville de Kisangani s'illustrent bien dans la dynamique démographique ci-haut décrit avec toutes ses conséquences socio-économiques et écologiques. En effet, le doublement de la population de cette ville est particulièrement éloquent. Pour diverses raisons, en l'intervalle de cinq ans seulement (2008 à 2013), sa population a doublé en passant de 713 mille habitants à environ 1,4 millions d'habitants (Division du Plan, 2013). Ce contexte prévisionnel, inévitablement inquiétant pour la sécurité alimentaire de cette région, montre que dans les décennies à venir, les grandes filières agricoles seront appelés à jouer un rôle majeur dans l'ajustement de la production agricole par rapport à la croissance démographique.

La place de la banane est sans doute déterminante par rapport au défi alimentaire de la région de Kisangani, du fait que les conditions agro-écologiques lui soient globalement favorables. En effet, à l'instar de tout aliment populaire, la banane constitue un des véritables piliers de la production agricole et de la sécurité alimentaire. En plus, elle est une culture commerciale qui, dans la plupart des cas, est la 3ème source de revenu pour les ménages après les cultures de manioc, de riz ou l'huile de palme (DHED'A et al, 2011).

Face à cette vraisemblable crise alimentaire, dans un contexte d'invasions fréquentes et souvent spectaculaires d'attaques parasitaires, le débat est plus que jamais passionné quant aux types d'agriculture à promouvoir. Ceux-ci devront être basés sur les principes de l'agriculture durable, centrée sur l'utilisation des processus écologiques, dans la régulation des populations de ravageurs, notamment. L'opportunité de cette forme d'agriculture est évidente tant dans le monde scientifique que professionnel, au vu de ses objectifs incontestablement audacieux (FERET_ET_DOUGUET, 2001).

D'où une réelle nécessité d'opérer des changements importants dans les systèmes de production de cette culture de grande prédilection alimentaire en vue d'espérer y contrôler efficacement les ravageurs par les processus écologiques.

1.2.Revue de la littérature sur les systèmes de culture des bananiers

Par définition, un système de culture est une représentation théorique d'une façon de cultiver un certain type de champ. Il est donc un ensemble des modalités techniques mises en œuvre sur des parcelles traitées de manières identiques. Ce concept s'applique donc à l'échelle des parcelles qui sont exploitées de la même manière (SEBILLOTTE, 1990).

Parlant des systèmes de culture des bananiers, dans la région de Kisangani en particulier, la culture se pratique en trois systèmes : en jardin de case autour des habitations, en jachère en association avec d'autres cultures (riz, manioc,...) et enfin en forêt secondaire sous couvert arboré. Il est important de préciser que dans la région de Kisangani, le principal système de culture serait le jardin de case (ONAUTSHU, 2013).

1.2.1. Culture de case des bananiers

Le jardin de case est un système permanent d'exploitation de cultures très diversifiées, situées autour des habitations. Il est d'un intérêt écologique et/ou économique considérable pour l'homme dans la mesure où sa composition, sa gestion et sa production est étalée sur toute l'année de façon continue (ONAUTSHU, 2013). Généralement, il s'agit de quelques pieds de bananiers mis en terre aux environs immédiats de l'habitation sur les lieux de déversement des ordures ménagères, comme illustré sur la figure 1. Les bananes provenant de la culture de case sont destinées en priorité à l'autoconsommation dans la mesure où les récoltes sont étalées dans le temps (OSSENI, 1998).

D'après OSSENI B, 1993, les sols comportant la culture de bananiers de case, en plus de leur richesse en calcium, magnésium et potassium, disposent de quantité élevée de matière organique et de phosphore, et se caractérisent par une bonne structuration. Ces caractéristiques facilitent l'exploration du sol au-delà de 25 cm par les racines des plants, entraînant ainsi un meilleur développement de la plante, une précocité dans la fructification et un rejetonnage important (7 à 9 rejets par souche contre 2 à 3 rejets pour les bananiers de plein champ).

Sans nul doute, les bananiers de case profitent des conditions physico-chimiques des sols particulièrement bonnes. Ce qui leur permet de se maintenir en place pendant de longues années (durée parfois supérieure à dix ans). Dans la plupart des cas, les dommages des attaques aussi bien des maladies que des ravageurs y sont faibles, indépendamment de leurs prévalences.

1.2.2. Culture des bananiers en jachère

Comme illustré sur la figure 2, la culture du bananier en jachère est un système traditionnel d'utilisation des sols qui consiste à implanter la bananeraie dans un abandon de culture. Par extension, ce système de culture consiste aussi à maintenir la bananeraie dans un abandon cultural, grâce à des entretiens sommaires (SEBILLOTTE, 1990).

Actuellement, l'augmentation de la population et la tendance à la sédentarisation ont induit une forte augmentation des surfaces cultivées et, proportionnellement, une diminution des jachères. Dès lors, il est devenu incontournable de mettre en valeur la jachère naturelle par des cultures susceptibles de restaurer le potentiel de production des sols. Le bananier figure parmi ces cultures privilégiées. En effet, le bananier en jachère permet de recouvrer la fertilité du sol grâce à son exploitation moins intensive (TRAVROH, 2011).

C'est aussi dans cette optique que HILY (2013) rapporte que de nouveaux systèmes dont la culture pure du bananier plantain ont fait leur apparition. Ce changement notable serait dû en grande partie, à la migration inter-régionale vers la région forestière, attirée par l'essor de telle ou telle forme de ressource. La conjugaison de tous ces éléments font que dans certaines localités, le bananier fait l'objet de culture pure dans les jachères nouvellement défrichées.

1.2.3. Culture des bananiers en foret

Le système de culture des bananiers sous couvert forestier est fort ancien. La plantation est réalisée après une défriche partielle au cours de laquelle on ne coupe que la végétation de sous-bois et les arbres les plus petits (moins de 30 cm de diamètre), en laissant les plus gros (diamètre supérieur à 40 cm) pour garder une bonne protection contre les rayons du soleil et permettre le renouvellement de l'humus du sol. On coupe souvent certaines branches des arbres laissés sur la parcelle afin de bien réguler l'ombrage au sol, au moins pendant la phase de croissance de la plantation (DELVILLE-LAVIGNE, 2000).

Précisons ici qu'aucun arbre n'est déraciné, comme illustré sur la figure 3. Certains arbres sont même conservés jusqu'à atteindre une bonne taille (plus d'un mètre de diamètre) avant d'être coupés et laissés sur place pour enrichir l'humus du sol (GROUZIS, 1999).

On retrouve plusieurs variétés de bananiers en forêt. Les plus adaptées à la culture sous couvert forestier sont celles qui apprécient l'ombrage, résistent mieux aux ravageurs (charançons et nématodes), et assurent une plus grande longévité à la bananeraie. Celle-ci dépend de plusieurs facteurs combinés : la variété, le type de sol et l'ombrage, d'abord, mais aussi des techniques d'entretien : épamprement des feuilles chaque année, suppression des rejets surnuméraires, dégagement des graminées au sol tous les 2 ans, couper éventuellement quelques petits arbres et certaines branches d'arbres plus grands, etc... (DARRE, 1996).

L'une des principales limites à la culture des bananiers en forêt, poursuit cet auteur, est l'invasion fréquente de déprédateurs, principalement les perroquets, les autres oiseaux, les singes et les rats. Toutefois, les déprédations sont plus importantes à mesure que l'on s'éloigne des zones couramment fréquentées et qu'on s'enfonce dans la forêt.

1.2.4. *Culture des bananiers en système agroforestier.*

Les avantages offerts par la culture des bananiers en forêt plaident en faveur du système agroforestier. En effet, la pratique de l'agrosylviculture constitue l'un des exemples les plus frappants. En République Démocratique du Congo et dans la Province de Bas Congo, NSENGA (2007) signale le cas de la réserve de la LUKI qui abrite de nombreuses parcelles associant la culture de la banane Gros Michel aux plantations sylvicoles de Limba. Ces parcelles, d'une productivité nettement élevée depuis des années, sont valorisées par les communautés locales.

Ce système de culture du bananier est une innovation intéressante car il est moins frappé d'attaques de maladies et de ravageurs. Certes, la duplication de ce modèle à travers le pays est souhaitable et dans la mesure du possible, en faire le modèle de système bananier pour des raisons socio-économiques en termes de production mais aussi en termes mésologiques.

Dans le but de contrôler biologiquement les maladies et les ravageurs du bananier, il est important de signaler que certains autres systèmes agroforestiers sont en expérimentation dans la région de Kisangani. Nous citons entre autre la culture en couloir, entre les haies de légumineuses…, comme le montre cette figure 4.

Figure 1 : système de culture des bananiers en jardin de case

Figure 2 : Système de culture des bananiers en jachère

Figure 3 : Culture des bananiers en forêt secondaire

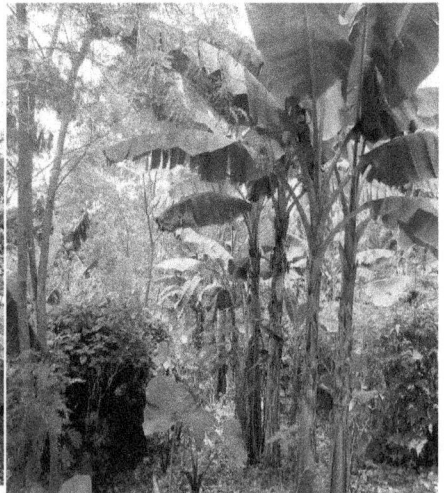

Figure 4 : Système agroforestier dans la collection des bananiers de la Faculté des sciences de l'UNIKIS

1.3. Etat de connaissances sur les ravageurs des bananiers

Un ravageur est tout organisme nuisible qui vit directement aux dépens de plantes ou de denrées en provoquant des dommages plus ou moins importants. Ce terme, précise RENOU (2006) ne s'applique qu'aux animaux inférieurs, surtout de l'embranchement des arthropodes même si certains autres groupes d'animaux sont aussi considérés. C'est le cas des nématodes, intéressant également cette étude, qui sont des némathelminthes. Lorsque ceux-ci sont peu importants, on parle de déprédateur. En guise d'exemples et dans le cas particulier du bananier, on peut citer les oiseaux, les chiroptères, le puceron *Pentalonia nigronervosa*….

Autant que les maladies, les ravageurs s'attaquent aux cultures depuis que l'homme a commencé à cultiver la terre. Les dommages qu'ils causent sont souvent économiques (perte de production, de revenus et d'investissement) mais aussi psychologiques (manifestation de chocs et de panique). Les ravageurs des végétaux constituent ainsi la menace immédiate la plus grave lorsqu'ils deviennent un fléau, surtout lorsqu'ils se retrouvent dans un milieu écologiquement favorable où il n'y a guère d'ennemis naturels pouvant les contenir et de surcroit, si les gens ne savent pas comment s'en débarrasser (DEBAEKE, 2000).

La présente étude porte sur les deux principaux ravageurs des bananiers : les charançons et les nématodes.

1.3.1. Le charançon du bananier

Le charançon *Cosmopolites sordidus* Germar, (1824) appartient à l'ordre de Coleoptera et à la famille de Curculionidae. Il est l'un des principaux ravageurs des bananiers. L'adulte, de couleur noire, mesure 10 - 15 mm de long. Il se déplace librement. Le charançon a une activité nocturne et il est très sensible au dessèchement. Les adultes peuvent demeurer sur le même pied pendant une période de temps prolongée, seule une petite proportion se déplaçant sur plus de 25 mètres en l'espace de six mois. Les charançons volent rarement. Leur diffusion se fait principalement par l'intermédiaire de matériel végétal infesté (GOLD, 2000).

Du point de vue démographique, poursuit cet auteur, le charançon du bananier est un insecte qui obéit au mécanisme de sélection "k" et se caractérise par une grande longévité et une faible fécondité. La durée de vie de l'adulte est normalement d'un an, mais peut s'étendre jusqu'à quatre ans. Le ratio sexuel est de 1:1. Le taux de ponte est communément estimé à 1 œuf par semaine, mais on a parfois enregistré des taux supérieurs. La femelle dépose ses œufs, blancs et de forme ovale, un à un dans des trous qu'elle creuse à l'aide de son rostre. Elle pond généralement dans la partie supérieure du bulbe, en choisissant de préférence les plants qui ont atteint le stade de la floraison. Ainsi, après l'émergence, les larves se nourrissent à l'intérieur du bulbe, en s'attaquant au bulbe, tel que visualisé sur la figure 5.

Les larves passent par 5 à 8 stades larvaires. Le taux de développement dépend de la température. En conditions tropicales, la période séparant la ponte du stade adulte est d'environ 5 à 7 semaines. Les œufs ne se développent pas en dessous de 12°C. C'est pourquoi, le charançon est rencontré rarement au-dessus de 1600 mètres d'altitude. Les taux d'infestation peuvent varier d'un site et d'une exploitation à l'autre. Chez les autres groupes de bananiers, les infestations sont variables (GOLD, 2000).

Du point de vue de l'épidémiologie, les charançons adultes sont attirés par des substances volatiles qui émanent des plantes hôtes. De ce fait, une nouvelle culture dans des bananeraies infestées ou à proximité de plants fortement infestés n'est donc pas envisageable, les rejets utilisés comme matériel végétal étant particulièrement exposés à leurs attaques. La densité des charançons est souvent peu importante dans les plantations récentes. Le taux de ponte étant faible, la population de charançons n'augmente que lentement et les dégâts ne deviennent généralement problématiques qu'à partir du deuxième cycle (HOARAU, 2003).

D'après cet auteur, les attaques de charançons perturbent l'émission racinaire, tuent les racines existantes, limitent l'absorption des éléments nutritifs, réduisent la vigueur des plants et accroissent leur sensibilité aux autres ravageurs et maladies. Elles entraînent des baisses de production du fait de la perte de bananiers (plants morts, cassés à la base ou couchés sur le sol) et de la réduction du poids des régimes.

Diverses méthodes de lutte sont utilisées contre le charançon du bananier. La lutte chimique est la méthode la plus courante dans les plantations commerciales. La lutte culturale (destruction régulière des adventices, paillage, traitement par trempage dans une solution insecticide de rejets avant plantation…), très efficace pour empêcher l'établissement du charançon, demeure le seul moyen dont les petits producteurs dépourvus de ressources disposent actuellement pour réduire les populations déjà établies (HOARAU, 2003).

Dans la mesure du possible, il faut établir les nouvelles plantations dans des champs non infestés, en se servant de matériel végétal sain. Toutefois, les producteurs qui ne disposent pas de vitro plants doivent parer les rejets, de façon à les débarrasser des larves et œufs de charançons. Toute plantation de rejets fortement endommagés est à éviter. La pratique du traitement à l'eau chaude, qui permet d'éliminer les charançons et les nématodes, est aussi largement pratiquée. Il est recommandé de plonger les rejets parés dans un bain d'eau chauffée à 52-55°C pendant 15-27 minutes. Ce traitement est extrêmement efficace contre les nématodes, mais ne permet de tuer qu'environ un tiers des larves de charançons. Il ne protège donc les plants des charançons que pendant quelques cycles de culture (GOLD, 2000).

1.3.2. Les nématodes des bananiers

Les nématodes parasitent les racines des bananiers partout où ils sont cultivés. Deux catégories sont à distinguer : les nématodes à galles ou à kystes, généralement endophytes, des genres *Meloidogyne, Heterodera* et *Globodera*,… et les nématodes migrateurs généralement pathogènes dont les *Radopholus, Pratylenchus…* (CADET, 1985)

Malgré leur large répartition et parfois leur grande abondance, les nématodes à galle ne sont pas considérés comme ayant un pouvoir pathogène important sur les bananiers. Ils sont généralement présents en association avec *Radopholus similis* et *Pratylenchus*. Ces dernières espèces, plus virulentes, ont des effets plus visibles (nécrose de la racine) que ceux de *Meloidogyne* (formation de galles), et les dégâts qu'elles provoquent sont plus importants (chute des plants). En outre, *R. similis* et, dans une moindre mesure, *Pratylenchus*, tendent à se multiplier plus rapidement et à évincer progressivement les populations de nématodes à galle. Toutefois, lorsque ces différentes espèces cohabitent, la destruction des tissus par *R. similis* et/ou *Pratylenchus* favorise le *Meloidogyne* (PIP et COLEACP, 2011).

Quant au cycle de vie, les nématodes endoparasites sont essentiellement sédentaires. Les juvéniles éclosent puis migrent vers les racines et y pénètrent soit par l'apex, soit dans les zones de pénétration antérieure, soit encore là où existent déjà de petites lésions. Les juvéniles envahissent l'endoderme des racines. Leur cycle biologique complet se déroule en 4 à 6 semaines. On peut observer différentes espèces dans la même galle (CADET, 1985).

Les symptômes les plus évidents de l'infection des nématodes à galle sur les bananiers sont la formation de galles et le renflement des racines. Celles-ci cessent alors de croître et les nouvelles prolifèrent juste au-dessus. Généralement, en plus du taux élevé de pourriture de racine, on observe un jaunissement des parties aériennes, une diminution de la taille des feuilles, un rabougrissement des plants et une perte de production (DeWAELE, 1998).

Quant aux nématodes endoparasites et plus particulièrement des migrateurs, l'infection s'exprime par de grandes nécroses de couleur noire ou violacée sur les tissus épidermiques et corticaux des racines, se traduisant par des lésions et par la cassure des racines. On peut également trouver des lésions nécrotiques sur les rhizomes. La figure 6 nous renseigne sur les symptômes des attaques de nématodes à différents niveaux.

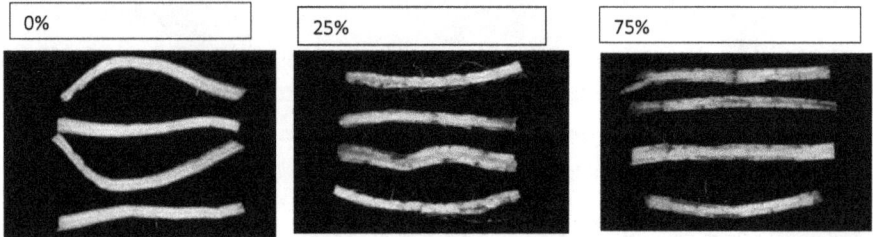

Figure 6 : Niveaux d'infection des racines des bananiers par les nématodes

Du point de vue de la lutte, les nématodes sont souvent disséminés par le matériel de plantation infesté. Les rejets infestés peuvent être assainis appliquant un traitement à l'eau chaude (53°-55°C pendant 20 minutes) ou un nématicide avant plantation. Les nématicides les plus efficaces sont le dibromo-chloropropane (DBCP ou Nemagon, dont l'usage est aujourd'hui interdit), les organophosphorés (ethoprophos et fenamiphos), et les carbamates (aldicarbe et carbofuran).

S'agissant de la lutte agronomique, en dépit du fait que les nématodes persistent dans le sol jusqu'à 29 mois, même quand il n'y a pas de bananier, la culture intercalaire de *Coriandrum sativum*, *Sesamum indicum*, *Crotalaria juncea*, *Tagetes erecta* et *Acorus calamus* diminue de façon significative les populations (DeWAELE, 1998).

1.4. Problématique de l'étude

Le bananier constitue, sur le plan cultural, le centre de gravité des systèmes agraires. Il peut abriter plusieurs cultures vivrières en association (haricot, mais, taro, courge, manioc), industrielles (caféier, cacaoyer, papayer) et agro forestières. Les bananiers constituent ainsi la deuxième culture après le manioc et jouent de ce fait un rôle très important dans la sécurité alimentaire et le revenu de la population (DHED'A_et_al, 2009)

Au niveau environnemental, la bananeraie constitue un des agroécosystèmes de première importance attirant de nombreux êtres de toute nature. Dans une certaine mesure, la présence des bananiers atténue, tant soit peu, l'effet néfaste de la déforestation par sa contribution à la sauvegarde de l'environnement abiotique et biotique. Ainsi, la disparition d'une bananeraie constituerait une catastrophe à la fois humanitaire et écologique (NDUNGO, 2008).

Nonobstant les atouts agro-écologiques dont bénéficie le bananier dans la plupart des zones de production dont la région de Kisangani, sa culture se bute à de nombreuses menaces phytosanitaires. Du point de vue de l'impact, dans la région de Kisangani où le flétrissement bactérien du bananier dû au *Xanthomonas campestris* n'est pas encore signalé, la maladie à Banana Bunchy Top Virus (BBTV) et la cercosporiose noire à *Mycosphaerella fijiensis* se montrent les plus importantes contraintes (ONAUTSHU, 2013). A celles-ci s'ajoutent les charançons et les nématodes qui sont perçus comme les plus redoutables ravageurs dans toutes les zones de production bananière du monde (SOLER A, 2012).

En effet, le premier facteur limitant, quels que soient la zone ou le type de planteur considérés, concerne les dégâts causés par les charançons et les nématodes, qui s'attaquent respectivement à la souche et au système racinaire. Or, aucune lutte phytosanitaire n'y est généralement effectuée sur cette culture. La fragilité du système racinaire, donc de la plante entière, entraîne une chute des pieds si élevée que la parcelle doit être abandonnée après 2 à 3 ans de culture. Ces ravageurs sont le plus souvent implantés au moment de la mise en place de la parcelle par la plantation de matériel végétal récupéré dans des parcelles déjà attaquées dont l'état sanitaire n'a pas été contrôlé (LUDOVIC_et_al, 1993).

Ces ravageurs sont responsables des pertes de rendement de l'ordre de 30 à 80% en fonction du cultivar (SWENNEN, 2001). Ainsi, sous leur action néfaste sur la culture, la durabilité des exploitations est directement remise en cause. Elle est même fortement limitée au sein de certains systèmes de culture (ONAUTSHU, 2013), car à chaque cycle de culture, la densité des pieds des bananiers diminue d'environ de moitié. Celle-ci, dans certaines zones forestières, passe de 2 000 plants/hectare dès la première année de mise en terre des rejets, à environ à 500 touffes par hectare au bout de la troisième année (BOURAIMA, 1998).

Dès là, on s'aperçoit que la pression des ravageurs ne peut guère permettre aux planteurs de récompenser leurs efforts consentis à la culture. Cette pression est souvent amplifiée par la dégradation de propriétés édaphiques qu'occasionnent certaines pratiques culturales. En conséquence, en plus du découragement de planteurs, ils ne trouvent plus mieux de conduire la culture des bananiers en itinérance de culture sur brûlis sur des sols forestiers, une pratique pourtant néfaste à la conservation de la forêt (NGO-SAMNICK, 2011).

La culture des bananiers dans la région forestière de Kisangani reflète bien cette situation, en dépit de quelques exceptions. Ces dernières, n'illustrent-elles pas l'éventuel potentiel de certains systèmes de culture à réguler les populations de ces ravageurs ? Dans les perspectives de la lutte biologique, et plus précisément dans la région de Kisangani, trop peu nombreuses sont les études évaluatives de la prévalence et de la sévérité de ces ravageurs du bananier au sein de différents systèmes de culture, comme il en est le cas pour certaines maladies. Pourtant, plusieurs études dévoilent que certains systèmes de culture disposent d'un potentiel important de régulations biologiques des ravageurs de la plupart des cultures.

C'est dans cette optique que les nouvelles stratégies explorées en protection des cultures sont de plus en plus fondées sur une connaissance approfondie de la biologie des ravageurs, de leur comportement et des agrosystèmes auxquels ils sont associés (LORIOUX, 2008). Ces systèmes, tels que proposés par maints programmes de recherches agronomiques, reposent sur les associations culturales avec les plantes de service et l'agroforesterie (MEYNARD, 2001).

Ne serait-il pas le cas pour le bananier vis-à-vis des charançons et des nématodes du bananier ? Dans cette éventualité, le remède résiderait alors dans l'adoption des systèmes de culture à mesure de favoriser la régulation des ravageurs (DHED'A D, 2009). De ce fait, les diagnostics de principaux systèmes de culture, sur leur potentiel de réguler les populations de ravageurs, méritent alors donc d'être posés dans chaque région (ABERA-KALIBATA, 2008). Au cours de ces diagnostics, la prise en compte de l'évolution du peuplement cultivé (densité, vigueur et niveau de productivité) et de la dynamique de la contrainte parasitaire sont deux éléments clés dans la détermination des systèmes de culture à base de bananier susceptible de garantir une durabilité satisfaisante (TIXIER, 2004).

Dès lors que les systèmes de culture adaptés au contexte de baisse de productions dues aux fréquentes invasions parasitaires doivent être évalués et conçus à partir de leur niveau élevé de capitalisation des processus écologiques (KREMEN, 2005), un gros effort de recherche tant dans l'évaluation que dans la compréhension de ces processus dans les systèmes de culture, du bananier en particulier dans la région de Kisangani, est nécessaire pour pouvoir optimiser la production durable des agrosystèmes. Ce défi du moment nous incite à soulever la question centrale suivante : Existe-t-il dans la région de Kisangani, des systèmes de culture à base de bananier, susceptibles de réguler les populations de ravageurs ?

La présente étude s'inscrit dans le champ thématique des relations entre biodiversité des champs cultivés et des services écosystémiques fournis dans le cadre de systèmes de culture plurispécifiques africains. Certes, parmi les services écosystémiques qui y sont attendus, la régulation des bio-agresseurs est particulièrement l'un des plus importants au regard des bénéfices socio-économiques et environnementaux que procure le système de culture.

Dans la présente, nous nous proposons d'examiner les systèmes de culture du bananier de la région de Kisangani vis-à-vis des ravageurs dont les charançons et les nématodes.
Plus précisément, il s'agira de répondre aux trois questions spécifiques suivantes :

- La prévalence et la sévérité d'attaques des ravageurs des bananiers diffèrent-t-elles selon les systèmes de culture et les cultivars ?
- Les caractéristiques agro-écologiques de systèmes de culture influencent-elles la prévalence et la diversité des ravageurs des bananiers dans la région de Kisangani?
- Quelle peut être l'influence de pratiques agroforestières sur la prévalence et la diversité des ravageurs des bananiers?

1.5. Hypothèses de travail

L'hypothèse principale de cette étude est que certains agrosystèmes des bananiers assurent de façon satisfaisante la régulation biologique des ravageurs du bananier par les processus écologiques. De ce fait, plus spécifiquement nous présupposons que :

- Il existerait de différences de prévalence et de sévérité des ravageurs des bananiers entre les agrosystèmes: plus réduite en forêts secondaires et dans le système agroforestier qu'en jachère. Par ailleurs, les cultivars des bananiers réagiraient différemment aux attaques des ravageurs.
- La prévalence tout comme la diversité des ravageurs des bananiers serait nettement influencée par certaines caractéristiques édaphiques et culturales des agrosystèmes.
- Les pratiques agroforestières réduiraient la prévalence et la diversité des ravageurs.

1.6. Objectifs et intérêt de l'étude

La présente étude vise à évaluer le potentiel de régulation de ravageurs de chaque système de culture à base du bananier en vue d'en identifier les plus durables. De manière plus spécifique, les objectifs de cette étude est de (d'):

- Déterminer l'influence de systèmes de culture sur la diversité et la prévalence des ravageurs des bananiers;
- Déterminer l'influence de certaines caractéristiques édaphiques et édaphiques des agrosystèmes à base de bananiers sur la diversité et la prévalence de leurs ravageurs;
- Mettre en évidence certains facteurs culturaux susceptibles d'accroître la performance du système de culture agroforestier à réguler les ravageurs des bananiers.

Au vu de ces objectifs, le réel intérêt que présente cette étude est d'orienter le choix des systèmes de culture à vulgariser dans un contexte de lutte intégrée contre les ravageurs des bananiers dans les zones forestières de la région de Kisangani et de la RDC.

En outre, cette étude constituera une sonnette d'alarme pour les chercheurs et les autorités politico-administratives sur l'urgence à mettre en place des pratiques culturales susceptibles de contrôler de façon durable des problèmes agronomiques occasionnés par ces ravageurs dans la région de Kisangani et ses environs où la banane joue un rôle déterminant dans la sécurité alimentaire et la vie socio-économique de sa population.

1.7.Subdivision du travail

La présente dissertation comprend quatre chapitres. Le premier chapitre présente de la revue de la littérature relative au fonctionnement de systèmes de culture et aux ravageurs de bananiers. Le deuxième chapitre, quant à lui, présente le milieu d'étude et décrit le cadre méthodologique utilisée. Le troisième chapitre présente les résultats du travail tandis que le quatrième est consacré à leur discussion.

Une conclusion générale suivie de quelques suggestions clôturera la présente étude.

Chapitre II : MILIEU, MATERIEL ET METHODES

Ce chapitre est consacré à la description sommaire, d'abord du milieu où les données de notre étude ont été collectées, puis de la démarche globale adoptée dès la collecte jusqu'à l'analyse des résultats en vue de l'aboutissement de cette étude à la réalisation de ses objectifs.

2.1. MILIEU D'ETUDE

La présente étude est effectuée dans les zones agricoles la région forestière de Kisangani qui sont situées dans les périphéries de la ville du même nom. Considérée comme la troisième ville de la RDC, Kisangani a été, depuis de décennies, le chef-lieu de la Province Orientale et est encore resté, le chef-lieu de l'actuelle province de la TSHOPO, jadis District de l'ancienne Province Orientale.

2.1.1. Localisation des sites d'étude dans la région de Kisangani

Nos investigations ont été menées dans 7 sites positionnés sur les différents axes routiers de Kisangani tel qu'indiqué sur la figure 7 ci-dessous.

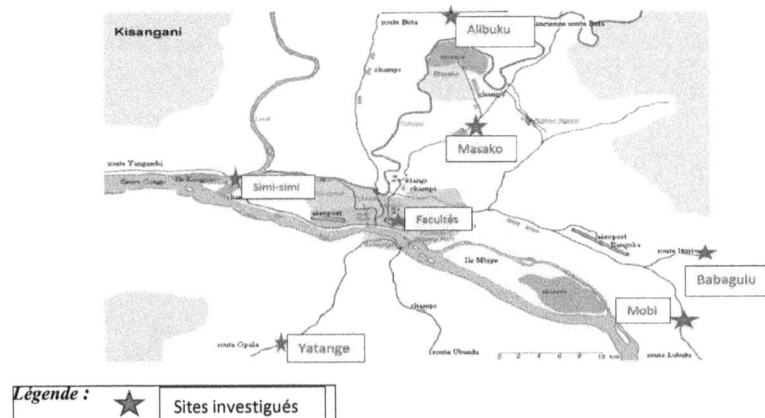

Figure 7 : Localisation des sites d'étude selon les axes routiers de Kisangani.

Les sites de MASAKO et d'ALIBUKU se trouvent administrativement dans la collectivité-secteur de LUBUYA-BERA, au Nord-Est de la ville de Kisangani, respectivement à 14 km sur l'ancienne route BUTA et à 31 km sur l'actuel axe routier KISANGANI-BUTA (plus précisément à 6 km vers la droite de la bifurcation se trouvant au PK 24).

Les sites de BABAGULU et de MOBI sont situés en Collectivité de BAKUMU-MANDOMBE, à l'Est de la ville de Kisangani, respectivement à 57 km sur l'axe routier KISANGANI-BUNIA et à 31 km sur l'axe routier KISANGANI-LUBUTU. Par contre, le site de YATANGE se situe à 36 km au sud-ouest de la ville de Kisangani sur l'axe routier KISANGANI-OPALA. Enfin, les sites de SIMI-SIMI et de la faculté des sciences sont administrativement situés en ville de Kisangani, tous les deux en commune de MAKISO.

Soulignons que le choix de ces sites d'investigation a été guidé par l'importance de leur production bananière, la coexistence de différents systèmes de culture dans ces milieux ainsi que leur facilité d'accès. En outre, du point de vue de la localisation de nos sites d'investigation par rapport au fleuve Congo, le site de YATENGA est le seul situé à la rive gauche dudit fleuve.

2.1.2. Données géologiques et pédologiques de la région de Kisangani

Bien qu'il y ait encore beaucoup à faire pour bien catégoriser les unités inférieures des sols de la région de Kisangani, les données disponibles permettent néanmoins de les ranger dans la classe des ferralsols selon la classification internationale, dont le complexe adsorbant est pauvre en matière organique et riches en oxydes d'aluminium et de fer. La capacité d'échange cationique est très faibles (<10méq/100g de sol). Ce type de sol, rapporte MAMBANI cité par AMUNDALA (2013), est caractérisé par la présence d'aluminium et de fer.

De ce fait, les sols de la région de Kisangani sont caractérisés par une forte acidité, une teneur faible en nutriment de réserve pour les plantes et une saturation en aluminium et en hydrogène. Finalement, ces sols sont classés dans la catégorie de ceux développés sur des surfaces d'accumulation des sables plus ou moins argileux. Ce qui confirme ainsi leur origine fluviolacustre attribuée à la série Yangambi des sols décrite par HEINZELEN.

Bien que l'étude géologique du sol dans la région de Kisangani est encore à ses débuts, les quelques relevés pédologiques effectués ont permis de dégager les caractéristiques suivantes aux horizons pédologiques du sol de la région de Kisangani:

- (1) horizon A_0: couche superficielle qui est le siège de la litière des matières organiques, très caractéristique aux sols des forêts ombrophiles lorsque celles-ci ne sont pas encore détruites. Cette litière est formée sous l'influence de la végétation.

- (2) horizon A_1, 0-20 cm : couche humifère de couleur noire souvent sablonneuse contenant une abondante microfaune du sol. Cette couche est densément colonisée par les racines. Sa structure est finement grumeleuse.

- (3) horizon A_2 : 20-35 cm, horizon sablo-argileux, structure grumeleuse moyenne, parcouru par des grosses racines ;

Signalons que les horizons A_0 et A_1 sont les deux couches de la terre dans lesquelles il existe un nombre important d'organismes vivants. C'est ce qui rend ces horizons suffisamment meubles et donc aptes aux travaux des champs. En outre, les sols de la région de Kisangani sont globalement acide (pH : 4,5 à 6) et de texture sablo-argileuse (75% de sable et 25% d'argile). DHED'A_et_al (2009) rapportent que la fraction minérale du sol est dominée par la kaolinite tandis que la fraction organique, par les acides fulviques. Ces caractéristiques confèrent à ces sols une fertilité fugace.

2.1.3. Données éco-climatiques

La région de Kisangani est entièrement située dans la cuvette centrale congolaise en région de la forêt dense ombrophile sempervirente équatoriale. De ce fait, elle jouit d'un climat du type «Af» de la classification de KÖPPEN, caractérisée par une hauteur de pluviosité annuelle variant entre 1600 et 1800 mm.

Les précipitations sont abondantes toute l'année, mais on observe des minima pluviométriques en janvier (69,5mm) et juillet (95,9mm), périodes qui correspondent aux saisons subsèches de la région. Par contre, les maxima sont constatés en mai (178,7mm) et en octobre (237,4mm). Cette pluviosité accuse quatre périodes à savoir : Grande saison sèche de décembre à février ; petite saison de pluies de mars à mai ; une petite saison sèche de juin à août ; et grande saison des pluies de septembre à novembre.

La température journalière moyenne varie entre 25,3°C en mars et 23,5°C en août, avec une moyenne annuelle de 24,4°C (DHED'A_et_al, 2009). Toutefois, la moyenne annuelle des moyennes mensuelles des maxima pour la même période oscille autour de 30,75 °C avec une variance de 0.23.

L'humidité relative de l'air varie entre 79,1% en février et 87,3% en juillet avec une moyenne annuelle de 84%. Quant à l'insolation, elle oscille à Kisangani entre 42% et 45 % dans l'atmosphère assez nébuleuse surmontant les forêts du Congo. Le maximum se situe en janvier et février, période qui correspond approximativement au passage du soleil au zénith, tandis que le minimum est observé en août (KASWERA, 2007).

2.1.4. Végétation de la région de Kisangani

A partir du couvert primitif qui est en relation avec le climat, les unités suivantes sont distinguées (NSHIMBA, 2008) :

- Forêts primitives mono-dominantes à *Gilbertiodendron dewevrei* ;
- Forêts hétérogènes à dominance du *Cynometra hankei* ;
- Forêts secondaires à *Musanga* ;
- Jachères et recrus forestiers ;
- Forêts rivulaires et marécageuses.

Cependant, cette végétation est en forte dégradation autour des agglomérations comme les chefs-lieux des territoires et plus prononcée encore autour de la ville de Kisangani comme le montre cette figure 8.

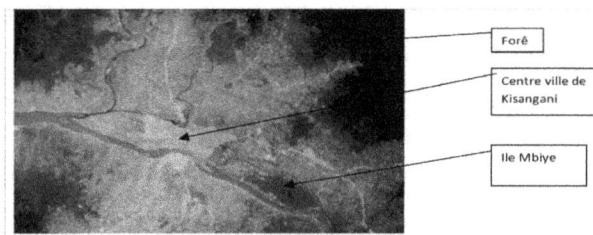

Figure 8 : Image satellitaire montrant le recul de la forêt autour de la ville de Kisangani

(Source : NSHIMBA, 2008)

Les analyses de l'auteur de cette cartographie satellitaire montrent que dans la région de Kisangani, la forêt primaire a reculé d'environ 20% et que les forêts secondaires aient augmenté d'environ 5% pendant que les espaces anthropisés sont passés de 5 à 20,2%. Sur les 67% du paysage qu'occupait la forêt primaire en 1990, 43,9% sont restés intacts pendant que 17% sont convertis en forêts secondaire et 6% en villages, champs et jachères. Les principales raisons de cette dégradation sont l'agriculture itinérante sur brulis (notamment du riz et des bananiers), la recherche du bois énergie et la construction d'habitats précaires.

De cet état de lieux du recul de la végétation primitive, il se dégage que suite aux activités agricoles, la forêt de la région périphérique à la ville de Kisangani est remaniée et on y observe de plus en plus des jachères avec la tendance vers la savanisation, avec comme conséquence la baisse remarquable de la fertilité, et par ricochet celle des rendements de principales culture ; mais également une forte émergence de nombreux ravageurs de culture, en particulier des bananier qui intéressent particulièrement la présente étude. D'où l'amplification du comportement des agriculteurs à privilégier les sols forestiers pour les cultures d'intérêt socio-économique avéré comme le bananier en dépit des effets écologiques de ce comportement.

Quant aux espèces dominantes des espaces souvent affectés à l'agriculture, elles diffèrent selon la nature de la végétation mais également selon les strates (LUBINI, 1982). Toutefois, souligne cet auteur, les essences arborescentes dominantes de la végétation de la région de Kisangani sont *Petersianthus macrocarpus* Merril, *Pycnanthus angolensis* (Welw) Excell, *Uapaca guineensis* Mull. Arg., le *Manniophyton fulvum* Mull. Arg., *Barteria nigritiana* Hook, *Trichilia rubescens* Olv et *Musanga cecropioides* R. Br.

Par contre, la strate herbacée est dominée, dans les jachères par des grandes herbes à rhizomes souterrains appartenant aux familles des Zingiberaceae (*Aframomum laurentii* (De Wild. et Th. Dur.) K. Schum), Costaceae (*Costus lucanusianus* j. BRAUN), Marantaceae (*Haumania leonardiana* Evrard & Bamps, *Thomatococcus daniellii* (Benn.) Benth., Davalliaceae (*Nephrolepis biserrata* Schott, Dioscoreaceae (*Smilax craussiana* Meisn.), et Commelinaceae (*Palisota ambigua P.* (Beauv).

LUBINI (1982) signale que certaines espèces accompagnent souvent ces types caractéristiques d'association. Ce sont : *Buchnerondendron speciosum* Giirke, *Triumpheta cordifolia* A. Rich. *var. cordifolia*, *Elaeis guineensis* Jacq., *Myrianthus arboreus* P. Beauv.,

Pycnanthus angolensis (Welw.) Excell., *Funtumia elastica* (Preuss) Stapf, *Macaranga spinosa* Mull. Arg.; ainsi que des plantes volubiles comme *Dichapetalum mombuttense* Engl., *Cnestis ferruginea*, *Ficus asperifolia* Miq., et *Epinetrum villosum* (Excell) Troupin. A ces associations phyto-sociologiques s'ajoutent particulièrement le *Triumpheta cordifolia var. cordifolia* couvrant parfois à elle seule 40% de la surface totale ; le *Sellaginella myosorus*, souvent accompagné par *Paspalum conjugatum*, *Costus lucanusianus*, *Aframomum laurentii*, *Manyophyton fulvum*, *Buchnerodendron speciosum*, et *Paspalum brevifolium*.

Au vu de l'inféodation connue de certains nématodes aux espèces végétales notamment herbacées ainsi que de l'abondance non négligeable des espèces de la famille des Zingibéracées dans les jachères et recrus forestiers, il est probable que la prévalence de nématodes des bananiers soit élevée au sein des bananeraies implantées dans ces écosystèmes.

2.2. Approche méthodologique de l'étude

Sous ce point, nous présentons la planification de notre investigation en termes de l'échantillonnage, des paramètres observés et du matériel utilisé ; puis nous expliquerons les méthodes d'analyses appliquées aux données collectées afin d'y dégager des interprétations objectives susceptibles d'expliquer les faits observés.

2.2.1. Echantillonnage

Nos investigations ont été menées dans 7 sites et ont porté sur 27 bananeraies réparties dans 4 systèmes de culture à base de bananiers identifiés dans la région de Kisangani dont le jardin de case, la jachère, la forêt secondaire vieille de plus de 20 ans et le système agroforestier.

Le système agroforestier, quasi-absent dans le milieu paysan, n'a été rencontré que dans 3 sites (Faculté des Sciences, MASAKO et SIMI-SIMI) où a été expérimenté ce système de culture, depuis 1988, à travers le projet Agroforestry Kisangani de la Faculté des sciences appuyée par ROTARY INTERNATIONAL. Ainsi, les données recueillies dans ce système expérimental serviront de base de comparaison par rapport aux résultats des systèmes paysans (jardin de case, jachère et forêt secondaire).

Les systèmes paysans de culture des bananiers ont été investigués dans 4 sites (ALIBUKU, MOBI, YATENGA et BABAGULU) et ont porté sur 24 bananeraies en raison de 2 par système de culture et dans chaque site. Cependant, le système agroforestier n'a fourni qu'une seule bananeraie par site. Ces bananeraies agroforestières différaient tout de même selon les modalités d'intégration de l'arbre dans la culture (couloir de haies de légumineuses à la Faculté des Sciences, arbres éparpillés des légumineuses à SIMI-SIMI et arbres équidistants de légumineuses à MASAKO).

Signalons que dans les sites d'investigation du milieu paysan, les bananeraies retenues dans notre échantillon étaient suffisamment éloignées les unes des autres pour limiter les éventuelles influences mutuelles en ce qui concerne la prévalence des ravageurs. En outre, cet éloignement suffisant permettait d'accroitre la diversité de facteurs édaphiques, dont l'appréciation de leurs influences sur la prévalence des ravageurs préoccupe également la présente étude.

Au sein de chaque bananeraie échantillonnée, deux types d'échantillons ont été prélevés en vue d'être soumis à des observations pouvant permettre d'aboutir aux résultats attendus de la présente étude. Il s'agit de :

- Un échantillon du sol (perturbé et non perturbé), prélevé entre 10 et 20 cm de profondeur, destiné aux analyses de laboratoire afin de renseigner sur le niveau de certains facteurs édaphiques susceptibles d'expliquer les différences de prévalence de ravageurs selon la nature du sol,
- Un échantillon de pieds de bananier (5 à 10 souches) était prélevé, correspondant à la proportion de 10% du total de souches en vue de faire l'objet d'une prospection judicieuse visant à évaluer leurs niveaux d'attaque par les ravageurs, conformément au protocole de CIALCA.

Faisons remarquer que notre échantillon de bananiers a été constitué de 191 souches, choisies au hasard grâce à la prospection en zigzag au sein de 27 bananeraies retenues. Ces touffes ont été soigneusement déterrées avec leurs racines dans un rayon et une profondeur de 30cm.

Sur chaque souche déterrée, une dizaine des racines visiblement fonctionnelles ont été prélevées, puis soigneusement lavées avant d'y effectuer des observations sur leur éventuelle infection par des nématodes. Par ailleurs, les rhizomes de bananiers échantillonnés ont été soumis à une évaluation du niveau d'infestation de charançons. Cette évaluation consistera à décortiquer progressivement le pourtour du rhizome en recensant les galeries de charançons.

2.2.2. Paramètres observés

Au cours de la présente étude, les observations ont été effectuées à trois niveaux différents : sol, rhizomes et racines. En conséquence, à chaque niveau d'observation correspondra donc un certain nombre de paramètres.

Au niveau du sol, certaines propriétés physico-chimiques ont fait l'objet de mesure afin de s'en servir comme variables explicatives de la prévalence et de la diversité de ravageurs du bananier dans le système de culture. Il s'agit de caractéristiques suivantes : le pH du sol, la granulométrie, la porosité, le taux de la matière organique, le taux d'Azote total et les Bases échangeables. Ces dernières ont été mesurées au laboratoire pédologique de l'IFA/Yangambi.

Au niveau du rhizome et des racines de souches, nous avons observé deux paramètres communs qui sont le cultivar de la souche et l'âge de la bananeraie, en plus de paramètres spécifiques qui sont respectivement le niveau d'infestation du rhizome par les charançons et la diversité tout comme l'abondance des nématodes. Il sied de souligner que les données relatives au cultivar et à l'âge des bananeraies ont été acquises par un simple questionnement aux planteurs.

2.2.3. Déroulement des observations

✓ **Sur terrain**

Pour évaluer les attaques du charançon *Cosmopolites sordidus,* la technique utilisée est celle basée sur l'observation des galeries creusées par les larves dans la souche comme proposée par VILARDEBO, qui consiste au dégainage de bulbes afin de mettre à nu les galeries des charançons.

Figure 9 : Dégainage du bulbe en vue de   Figure 5 :   Galéries   indicatrices   des   attaques   de
la mise en nu des galeries de charançons   charançon des bananiers

Le barème de cotation de l'infestation du *cosmopolites sordidus* qui a été utilisé est celui de (IT², 2008) décrit ci-dessous :

- 0 : pas de galeries,
- 5 : traces de galeries,
- 10 : attaque nette mais localisée sur moins d'un quart du pourtour,
- 20 : présence de galeries sur 1/4 du pourtour de la souche,
- 40 : présence de galeries sur la moitié du pourtour de la souche,
- 60 : présence de galeries sur 3/4 du pourtour de la souche,
- 100 : présence de galeries sur la totalité du pourtour de la souche.

La figure 10 ci-contre explicite le dit barème de cotation.

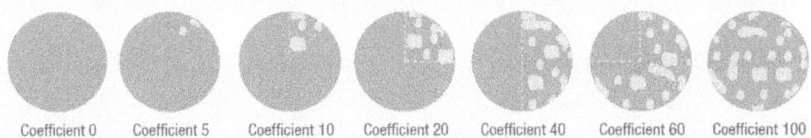

Coefficient 0   Coefficient 5   Coefficient 10   Coefficient 20   Coefficient 40   Coefficient 60   Coefficient 100

Figure 10 : Barème de cotation de l'infestation du Cosmopolites sordidus (Source : IT², 2008)

✓ *Au laboratoire*

Pour se rendre compte de la présence de nématodes, l'échantillon des racines soupçonnées d'infection ont été soumises à l'extraction de nématodes selon la méthode de **Baermann**

modifié basé sur le principe et le mode opératoire décrits ci-dessous (Ministère Français d'Agriculture, 2012).

- Placer l'échantillon à extraire (broyat des racines ou leurs morceaux finement découpés) sur un tamis de maille de 40 μm au moins. Précisons que nous utilisions pour cette fin 10 g de racines découpées et que nous utilisions de petits sacs de linges filtrants.

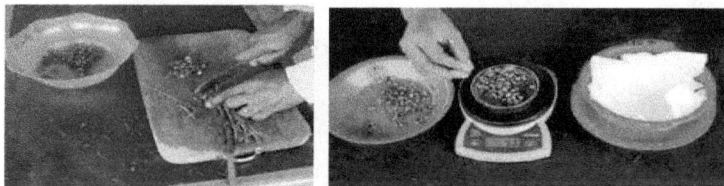

Figure 11 : Découpage et pesée de petits fragments des racines de bananiers

- Le tout est placé dans un contenant (un gobelet dans notre cas) dans lequel on versera de l'eau du robinet jusqu'à recouvrir l'échantillon. On peut aussi utiliser la solution d'eau oxygénée 5% pour accélérer la vitesse de mobilité des nématodes.

Figure 12 : Dispositif d'extraction des nématodes bananiers

- Laisser incuber 24 à 48 heures, les nématodes migrent alors dans l'eau du contenant.
- Après ce laps de temps, le petit sac de linge filtrant est retiré, puis pour concentrer les nématodes présents dans la suspension, nous éliminions l'eau de surface avant d'examiner la suspension.

Signalons qu'au cours de cette extraction, nous prenions soins de séparer les racines selon les touffes. Les suspensions d'extraction des racines ont été momentanément conservées dans de bocaux en attendant que les nématodes extraits soient soumis à l'identification ainsi qu'au dénombrement sous un microscope diascopique du laboratoire de phytopathologie de la Faculté des Science de l'Université de Kisangani.

Figure 13 : Identification au microscope des nématodes extraits de racines des bananiers

2.2.5. Méthodes d'analyses des résultats

Celles-ci dépendaient de la nature de paramètres observés. Toutefois, l'essentiel des résultats obtenus ont été analysées par les méthodes classiques de comparaison de moyennes (test de Fisher) ou d'analyse de la variance (ANOVA) et par moment des tests statistiques non paramétriques. La réalisation de ces statistiques s'est effectuée, selon les circonstances, à l'aide des logiciels R-3.1.2 et PAST version 2.15.

Soulignons que pour les données fauniques de nématodes notamment, la présente étude s'est intéressée à déterminer les groupes dominants et rares ainsi qu'appréhender la composition de ces communautés selon les systèmes de culture, l'âge de bananeraie et les cultivars infectés. De ce fait, au cours de cette étude, nous avons également focalisé nos analyses sur trois indices écologiques suivants :

- L'abondance relative de chaque taxon de nématodes au sein de chaque système de culture et éventuellement selon l'âge de la bananeraie et les cultivars, afin de renseigner sur le poids de la population de chaque taxon au sein de la communauté.

Celle-ci, exprimé en pourcentage, a été calculée selon la formule de BARBAUT ci-dessous:

$$Ai = \frac{ni}{N} x100$$

Avec A_i = abondance relative de l'espèce ou du groupe zoologique i

n_i = effectif de l'espèce ou groupe zoologique considéré

N = Effectif total des espèces

- La diversité spécifique au sein de chaque système de culture et éventuellement selon l'âge de la bananeraie et les cultivars, afin de renseigner sur l'aspect qualitatif de l'abondance de leur faune nématologique. Pour cela, nous nous sommes servirons de l'indice de SIMPSON obtenu à l'aide de la formule suivante :

$$D = \frac{N(N-1)}{\sum n(n-1)}$$

Avec N = le nombre d'individus dans la communauté

n = le nombre d'individus de chaque taxon

Cet indice écologique varie de 1 à l'infini. Cet indice nous permettra également, par son inverse, de renseigner sur le degré d'uniformité des systèmes de culture en fonction de leur communauté de nématodes. Cette mesure d'uniformité varie de 0 à 1.

Outre les indices écologiques de nématodes, notre étude se penchera également sur le taux d'attaque des nématodes dans les systèmes de culture et éventuellement selon les cultivars et l'âge de bananeraies. Ce taux d'attaque permettra d'apprécier et de comparer la vulnérabilité aussi cultivars et de systèmes de culture aux nématodes selon l'âge de bananeraies. Il sera déterminé suivant la formule ci-après :

$$T.A. (\%) = \frac{Nombre\ de\ souches\ infectés}{Nombre\ total\ de\ souches\ prospectés} x\ 100$$

Le taux d'attaque sera aussi déterminé par rapport aux infestations du charançon, qui bénéficieront particulièrement du calcul d'indice de sévérité afin de nous permettre d'apprécier et comparer leur gravité au sein des systèmes de culture et éventuellement selon les cultivars et l'âge de bananeraies. Cet indice de sévérité se calcule à l'aide de la formule suivante :

$$IS = \frac{\Sigma\,nb}{(N-1)T} \times 100$$

Avec   **IS** : Indice de Sévérité

                n : nombre de plants pour chaque degré de l'échelle

                b : degré de l'échelle

                N : nombre de degré de l'échelle utilisée

                T : nombre total de plants évalués

S'agissant des analyses portant sur les interactions entre les attaques aussi bien des nématodes que du charançon avec les paramètres environnementaux (sol, systèmes e cultures, cultivars et âge des bananeraies), nous pourrions utilement recourir aux analyses multivariées.

Ces analyses seront toutes effectuées à partir de tableaux faunistiques. De ce fait, nous procèderons à l'Analyse en composantes principales **(ACP).** Cette méthode descriptive permettra d'optimaliser les corrélations entre les lignes dans un tableau de contingence. En effet, cette analyse s'effectuera à partir d'un tableau de contingence fait de colonnes-variables (variables nématologique et pédologique) et de lignes-relevés (variables système de culture, cultivars et âges de bananeraies). Cette méthode a pour objet de résumer l'information d'un tableau de données en écriture graphique simplifiée.

Chapitre III : RESULTATS

Ces résultats sont présentés en trois points majeurs :

- Les caractéristiques des sols au sein des systèmes de culture des bananiers ;
- La prévalence et la sévérité du charançon des bananiers selon les systèmes de culture ;
- La prévalence et la diversité des nématodes selon les systèmes de culture.

3.1. Les caractéristiques des sols au sein des systèmes de culture des bananiers dans la région de Kisangani

Sous ce point, nous présenterons les caractéristiques, physiques d'abord et chimiques ensuite, des sols des bananeraies explorées selon les systèmes de culture de la région de Kisangani.

3.1.1. Les caractéristiques physiques des sols au sein des systèmes de culture des bananiers dans la région de Kisangani

Les résultats obtenus (annexe 3.1), tels qu'illustrés sur la figure 14, révèlent que les éléments physiques des sols sont dominés par le sable (63 à 81%) avec une faible teneur en argile (13 à 26%) ainsi qu'en limon (5 à 10,5%) et avec une porosité relativement élevé (57 à 61%) quel que soit le système de culture. Cependant, il existe de faibles différences de teneurs en ces éléments physiques entre les systèmes de culture. En conséquence, il n'y a pas de différences significatives entre les systèmes de culture.

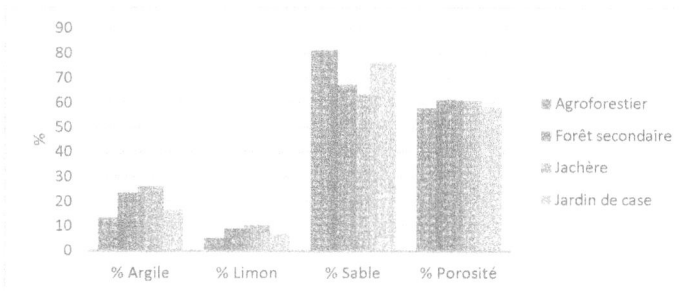

Figure 14 : Caractéristiques physiques des sols de bananeraies selon les systèmes de culture

3.1.2. Les caractéristiques chimiques des sols au sein des systèmes de culture des bananiers dans la région de Kisangani

Les résultats de la présente étude à ce sujet (annexe 3.1) révèlent que les caractéristiques chimiques des sols de bananeraies de la région de Kisangani varient aussi faiblement d'un système de culture à un autre, autant que les caractéristiques physiques. En effet, selon les systèmes de culture, les matières organiques varient de 3,6 à 6,9%, pendant que l'azote total varie de 11,8 à 12,8%. Le pH quat à lui oscille autour de 5,8 alors que les bases échangeables sont estimées entre 13,8 à 16 méq /100g de sol. Au vu de faibles écarts observés, il est donc évident que, du point de vue des caractéristiques chimiques des sols, les différences entre les systèmes de culture ne soient pas significatives comme le prédit cette figure 15.

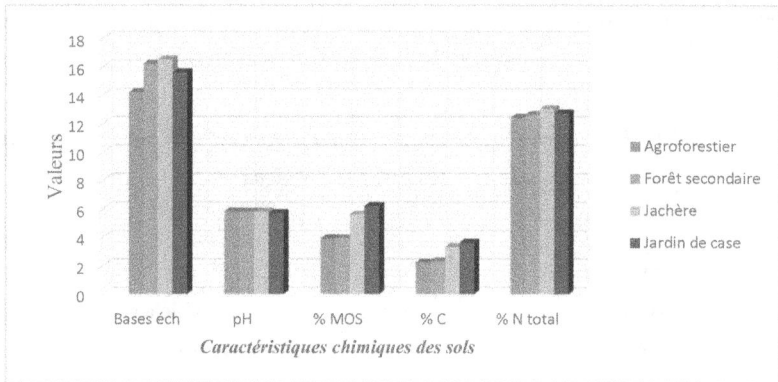

Figure 15 : Caractéristiques chimiques des sols de bananeraies selon les systèmes de culture

3.1.3. Les affinités entre les systèmes de culture et les caractéristiques physico-chimiques des sols de bananeraies entre en région de Kisangani

À ce sujet, les résultats obtenus mettent en évidence des affinités entre les systèmes de culture de bananiers et les caractéristiques physico-chimiques des sols, en dépit de l'absence de différences significatives susmentionnées. Ces affinités peuvent dès lors permettre d'expliquer les éventuelles différences de la prévalence et de diversité de ravageurs de bananiers entre les systèmes de culture, du fait qu'elles ne seront pas attribuables aux seules caractéristiques des sols relativement homogène.

Ainsi, la réalisation de l'ACP illustrée dans la figure 16 ci-dessous, démontre que les ressemblances du système agroforestier à celui de jardin forestier sont pilotées par la teneur relativement plus élevée du sable pendant que celles du jardin de case et de jachère reposent sur les teneurs des matières organiques, des bases échangeables et de l'azote total. Par ailleurs, le pH se montre le facteur de similitude entre le système agroforestier et la forêt secondaire, tandis que les teneurs d'argile, du limon et la porosité rapproche le système bananier en jachère de celui en forêt.

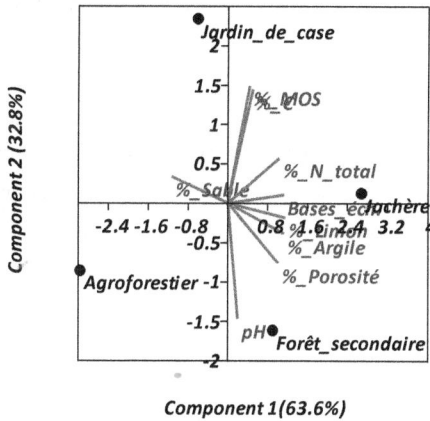

Figure 16 : ACP des systèmes de culture des bananiers selon leurs caractéristiques édaphiques

3.2. L'infestation du charançon des bananiers au sein des systèmes de culture de la région de Kisangani

Sous ce point, nous analysons le niveau d'infestation du charançon des bananiers ainsi que la prévalence et la sévérité de ses attaques selon les systèmes de culture, les cultivars et l'âge des bananeraies. Par la suite, nous apprécierons l'influence de ces différents facteurs sur l'infestation du charançon de bananiers à partir de corrélations multiples qui se dégageront des analyses statistiques de nos résultats à ce sujet.

3.2.1. La prévalence et la sévérité des attaques du charançon des bananiers selon les systèmes de culture de la région de Kisangani

A ce sujet, la présente étude a débouché aux résultats (annexe 3.2), illustrés dans la figure 17, révèlent qu'entre les systèmes de culture, les différences de la prévalence des attaques du charançon des bananiers ne sont pas significatives (F =2,389 ; $p\text{-}value$=0,1244 > α=0.05 ; ddl=14). Autrement dit, aucun système de culture de bananiers n'est particulièrement plus explosé ou épargné des attaques de charançons. Tous sont donc quasiment touchés de la même façon, du point de vue du nombre de pieds attaqués et ce, à différents niveaux d'infestation, comme le montre la figure 7.

Toutefois, une certaine similitude de la prévalence d'attaques du charançon de bananiers semble ressortir d'une part, entre le système agroforestier et celui de la forêt secondaire (53.3 et 49.9% respectivement) ; et d'autre part entre le système en jachère et celui du jardin de case (72.9 et 71.4% respectivement).

Quant aux indices de sévérité entre les systèmes de culture des bananiers, ils accusent des différences significatives (F= 5,38 ; $p\text{-}value$ = 0,0158< α=0,05). Autrement dit, quand bien les attaques du charançon de bananiers sont numériquement égales au sein des différents systèmes de culture, ces attaques ne sont pas de gravité similaire.

En effet, c'est au sein du système agroforestier que la sévérité des attaques du charançon est la plus faible (5,9%). Il est suivi du jardin de case (19,5%) puis de la forêt secondaire (24,5%). C'est au sein des jachères que la sévérité des attaques est la plus élevée (41,6%).

Au vu de ces résultats, une certaine similitude d'indices de sévérité est à constater entre les systèmes de culture en forêt secondaire et en jardin de case, pendant qu'une nette divergence s'établie entre les systèmes agroforestier et en jachère.

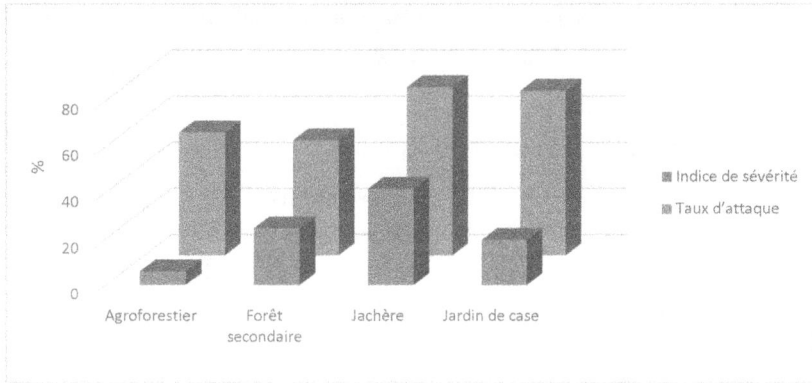

Figure 17: Prévalence et sévérité des attaques du charançon des bananiers selon les systèmes de culture

Par ailleurs, les résultats relatifs aux prévalences des attaques du charançon des bananiers, selon les niveaux d'infestations des souches et les systèmes de cultures (annexe 3.3) accusent de différences très significatives entre les systèmes de culture (χ^2 =42,43 ; *p-value*=0,01156<α=0,05 ; ddl=24). En d'autres termes, pour un même niveau d'attaques, la prévalence du charançon des bananiers diffère selon les systèmes de culture. Elle est globalement plus faible en systèmes agroforestiers et en forêt secondaire qu'en jachère et en jardin de case, comme le montre la figure 18 ci-dessous.

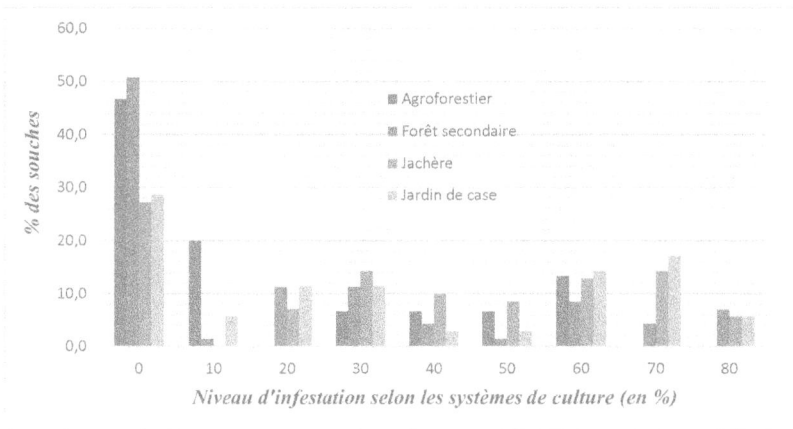

Figure 18 : Niveaux d'infestation du charançon de bananier selon les systèmes de culture

3.2.2. La prévalence et la sévérité des attaques du charançon des bananiers selon les cultivars dans la région de Kisangani

Entre les cultivars, les prévalences d'attaques du charançon des bananiers (annexe 3.4) ne montrent pas de différences significatives (χ^2 = 9,066 ; *p-value* = 0,2479 > α=0,05 ; ddl= 15). Autrement, la sensibilité de cultivars de bananiers aux attaques du charançon est quasi la même, en dépit des différences observées entre leur taux d'attaque. Toutefois, Pisang Awak et Litete sont relativement moins attaquées (40 et 44% respectivement). Par contre, Libanga Lifombo et Tala Lola sont les plus touchés (75 et 66,7% de taux d'attaque respectivement).

Au vu de ces résultats, il se dégage qu'aucun cultivar n'est épargné des attaques de charançons. Cependant, la sévérité des attaques accusent des différences hautement significatives entre les cultivars (χ^2 = 283,23 ; *p-value* = 2,29 E-59<α=0,05). Autrement dit, en dépit de la sensibilité quasi égale des cultivars de bananiers aux attaques du charançon, certains sont plus gravement attaqués que d'autres. En effet, les cultivars Pisang Awak, Libanga Lifombo, litete et Akpasi ont révélé les plus faibles indice de sévérité (respectivement à 2,7 ; 8,2 ; 12,9 et 14,3%). Il est donc probable qu'ils opposent une plus grande résistance aux attaques du charançon de bananiers que les cultivars Libanga Likale et Tala Lola qui en souffrent gravement, au vu de leurs indices de sévérité relativement plus élevés (87 et 74,6% respectivement).

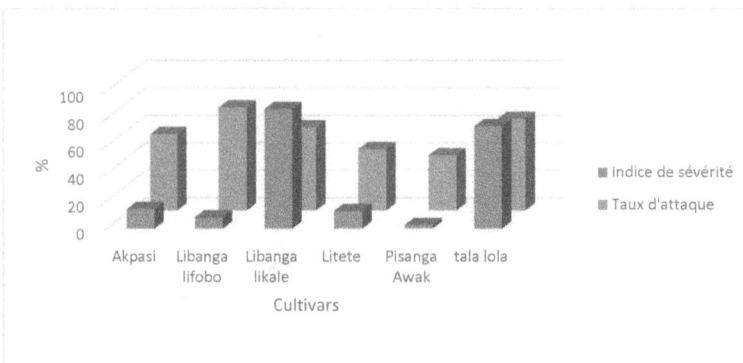

Figure 19 : Prévalence et sévérité des attaques du charançon des bananiers selon les cultivars

Quant à la prévalence des attaques du charançon des bananiers selon les niveaux d'infestation des souches (annexe 3.5), l'importance numérique de souches attaquée diffère très significativement entre les cultivars (χ^2 =357,94 ; *p-value*=0,000173<α=0,05; ddl=40). En d'autres termes, pour un même niveau d'attaque, le nombre de souches attaquées diffère d'un cultivar à un autre. La figure 20 ci-dessous illustre bien les résultats de notre étude à ce sujet.

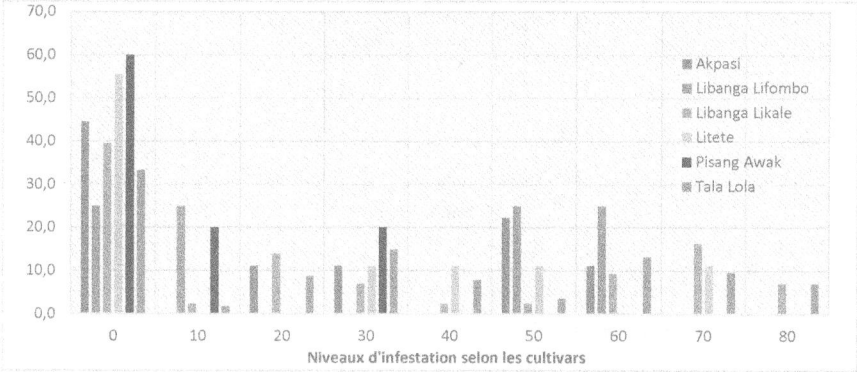

Figure 20 : Niveaux d'infestation du charançon de bananier selon les cultivars

3.2.3. La prévalence et la sévérité des attaques du charançon selon l'âge des bananeraies de la région de Kisangani

Au sein des bananeraies, le nombre des souches attaquées (annexe 3.6) ne diffère pas significativement selon leurs âges (χ^2 =8,7755 ; *p-value*=0,11836>α=0,05 ; ddl=5). Autrement dit, les nouvelles bananeraies sont aussi attaquées que les vieilles. De ce fait, il est une évidence que les bananeraies sont attaquées dès la première année de culture. Par contre, la sévérité des attaques en révèle de différences évidentes (χ^2 =95,9551 ; *p-value*=3,76 E-21 ; ddl=5). En d'autres termes, la gravité des attaques est généralement fonction de l'âge. En conséquence, la sévérité des attaques augmente avec l'âge, comme le décrit cette figure 21.

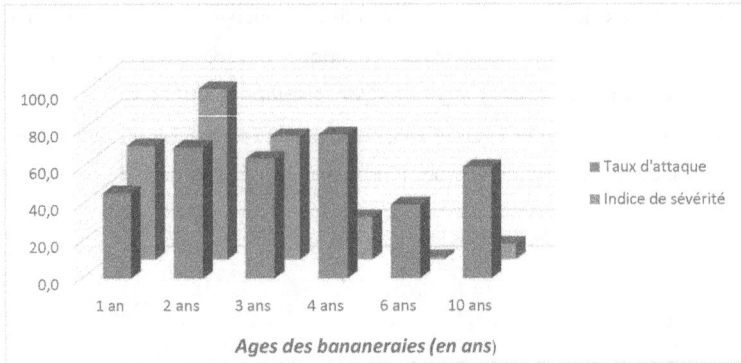

Figure 21 : Taux d'attaque et indice de sévérité des attaques du charançon selon l'âge de bananeraie

Par ailleurs, entre les âges de bananeraies de différents âges, il existe de différences très significatives de taux d'attaque selon le niveau d'infestation (χ^2 =68,5 ; p=0,0033 < α=0,01), comme le montre la figure 22 et l'annexe 3.6.

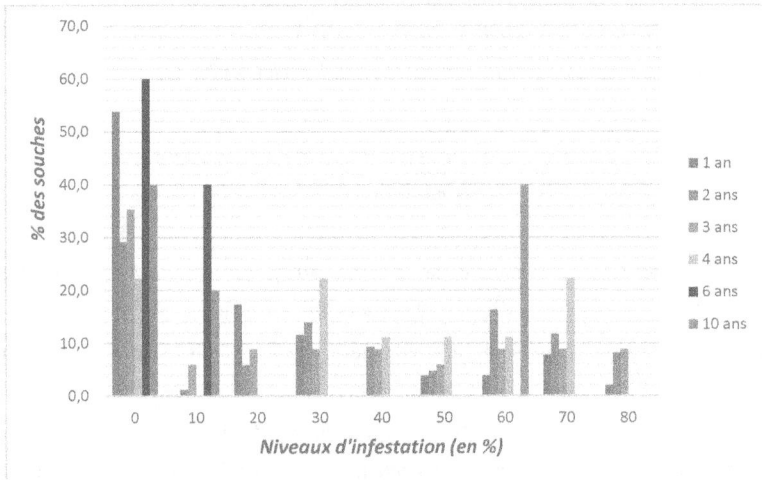

Figure 22 : Niveaux d'infestation du charançon selon l'âge de bananeraie

Au vu de ces résultats, il se dégage que l'influence de l'âge de la bananeraie sur le taux d'attaque du charançon est quasi nulle (r= 0,1058 avec R^2=0,0112), pendant qu'elle est négativement forte sur leur sévérité (r= - 0,6128 avec R^2=0,7828). Les figures 23 et 24 illustrent ses relations.

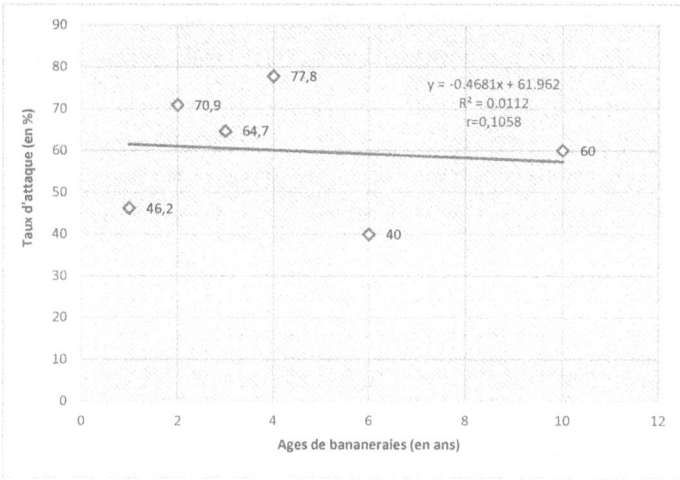

Figure 23 : Corrélation et régression entre taux d'attaque du charançon des bananiers et l'âge de bananeraies

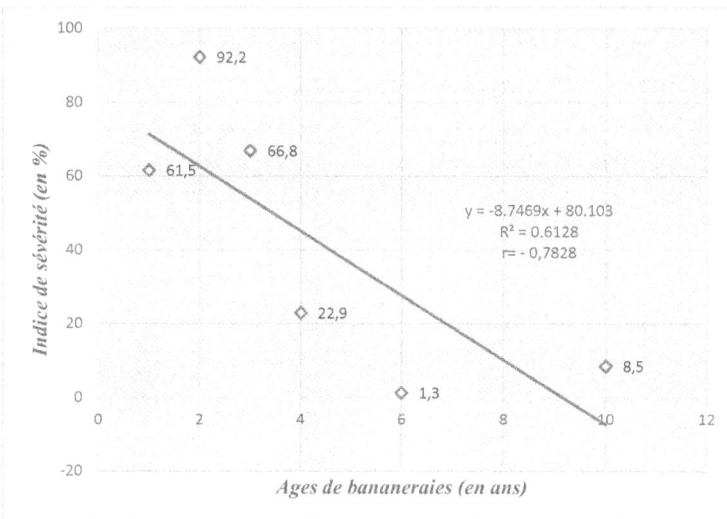

Figure 24 : Régression et corrélation entre l'indice de sévérité des attaques du charançon et l'âge de bananeraies

3.2.4. Prévalence et sévérité des attaques du charançon des bananiers selon les caractéristiques culturales et édaphiques des bananeraies

La figure 25 révèle qu'en dépit de similitude établie entre les systèmes de culture sur base de facteurs édaphiques, leur indice de sévérité et leur taux d'attaque du charançon des bananiers sont diamétralement opposés. Il en est de même pour de l'âge des bananeraies (annexe 3.7).

En effet, au sein des jardins de case, le taux d'attaque du charançon des bananiers est corrélé positivement avec l'âge, la teneur en matières organiques et le niveau d'infestation. Il l'est également avec la teneur du sable, mais négativement. Par contre, il est indifférent de la teneur en argile et de la porosité. C'est bien le contraire pour l'indice de sévérité, et plus particulièrement en jachère.

Par contre en forêt secondaire et en système agroforestier, le taux d'attaque et l'indice de sévérité sont faiblement influencés par les facteurs édaphiques et l'âge des bananeraies. Autrement dit, dans ces systèmes de culture, les attaques du charançon des bananiers sont quasi indépendantes des facteurs culturaux et édaphiques. Dès lors que la dynamique de ces attaques est quasi naturelle en forêt secondaire et en système agroforestier, ces systèmes de culture disposent donc d'un certain potentiel de régulation de la propagation du charançon de bananier.

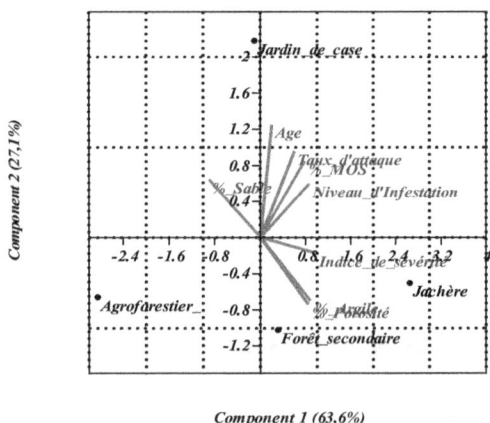

Figure 25 : ACP de l'infestation du charançon selon les caractéristiques physiques des sols

3.3. La prévalence et la diversité des nématodes des bananiers au sein des systèmes de culture de la région de Kisangani

Outre, l'évaluation de l'influence des différents facteurs (culturaux et édaphiques) sur l'infection de nématodes de bananiers, nous examinons sous ce point, la prévalence et la diversité des nématodes des bananiers d'abord selon les systèmes de culture, puis selon les cultivars et ensuite selon l'âge des bananeraies.

3.3.1. La prévalence et la diversité des nématodes des bananiers selon les systèmes de culture en région de Kisangani

La figure 26 ci-dessous révèle qu'aucun système de culture n'est épargné des attaques de nématodes des bananiers. Cependant, ces attaques sont relativement moindres en jardin de case (31,4%), pendant que qu'elles sont très élevées en système agroforestier (93.4%) et presque à la même hauteur en jachère et en forêt secondaire (88.6%).

Au vu de ces résultats, il se dégage qu'entre les systèmes de culture existent des différences bien évidentes de la prévalence des attaques de nématodes (χ^2 =22,27 ; p-value=5,74E-7 <α=0,01 ; ddl=3). En conséquence, certains facteurs édaphiques et culturaux seraient à la base du taux faible d'attaques des bananiers par les nématodes en jardin de case.

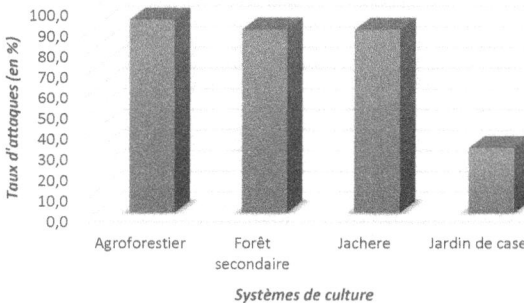

Figure 26 : Prévalence des attaques de nématodes de bananiers selon les systèmes de culture

Quant à la diversité des nématodes de bananiers au sein des systèmes de culture, elle est globalement la même en dépit des différences constatées entre les prévalences d'attaques. En outre, la diversité des nématodes des bananiers au sein des systèmes de culture est corrélée négativement à la prévalence de leurs attaques (r = - 0,979). En effet, les indices de Simpson varient de 1,87 à 2,77. Les plus faibles diversités sont observées au sein du système agroforestier et en forêt secondaire. Le jardin de case se montre le plus diversifié en nématodes.

S'agissant de l'abondance relative des nématodes de bananiers, elle est faiblement corrélée à la prévalence des attaques (r = 0,202). Par ailleurs, elle n'accuse pas de différences très significatives entre les systèmes de culture (χ^2 =13,343 ; *p-value*=0,0039<α=0,01 ; ddl=3). En effet, elle est plus faible en système agroforestier (8,9%), moyenne en jardin de case (19,5%) et plus grande en forêt secondaire et en jachère (38,3 et 33,3% respectivement).

La mesure de l'uniformité, variant de 36 à 53,6%, n'accuse pas non plus de différences significatives entre les systèmes de culture (χ^2 =1,809 ; *p-value*=0,613 > α=0,05 ; ddl=3). Cependant, elle est corrélée positivement à la prévalence des attaques de nématodes (r=0,953). La figure 27 illustre ces indices écologiques de nématodes des bananiers.

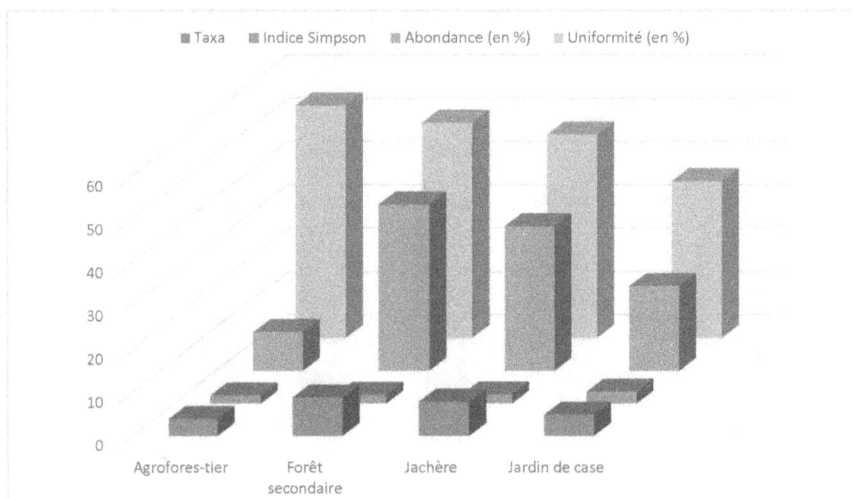

Figure 27 : Indices écologiques de nématodes des bananiers au sein des systèmes de culture

S'agissant des taxa de nématodes rencontrées, leur répartition dépend fortement des systèmes de culture (χ^2 =799,85; *p-value*=4,17 E-153<α=0,01, ddl=27). En d'autres termes, pour certains taxa de nématodes, l'abondance diffère très significativement selon les systèmes de culture (annexe 3.7), comme le montre cette figure 28.

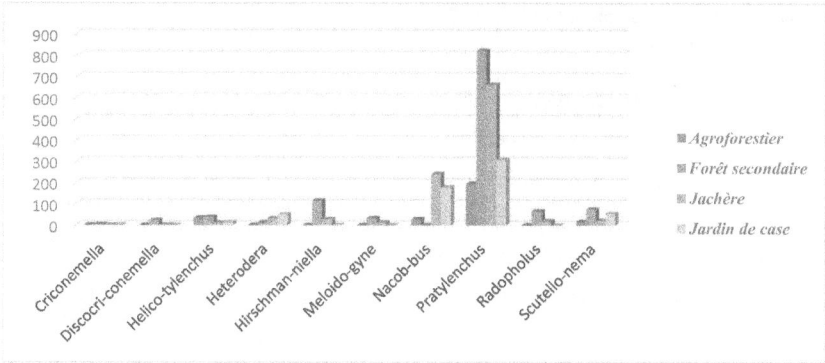

Figure 28 : Abondance de taxa de nématodes de bananiers selon les systèmes de culture

Quant à la densité de nématodes de bananiers au sein des systèmes de culture, des différences significatives ne sont pas ressorties de l'ANOVA (χ^2 =186,2 ; *p-value*=0,0485<α=0,05, ddl=27). Autrement dit, la répartition des nématodes de bananiers n'est pas du tout équitable au sein des systèmes de culture. Toutefois, le système agroforestier et celui en forêt secondaire ont les plus faibles diversités (1,87 et 2,02 respectivement) et les moindres densités estimées à 55 et 74 individus pendant que la jachère et le jardin de case brillent par les fortes densités moyennes respectives de 103 et 121 individus, tel qu'illustré sur cette figure 29.

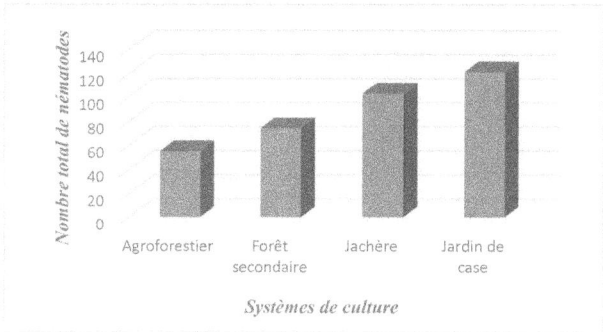

Figure 29 : Densité moyenne de nématodes de bananiers selon les systèmes de culture

Il résulte de ces résultats que la densité des nématodes de bananiers au sein des systèmes de culture est lâchement corrélée à la prévalence de leurs attaques (r = - 0,5298) et à leur diversité (r = 0,6344) et par ricochet à la mesure d'uniformité de la faune nématologique au sein de ces agrosystèmes. Par contre, cette densité est assez fortement corrélée à l'abondance relative de nématodes (r=0,7197).

S'agissant de la densité de taxa des nématodes, la réalisation de l'ANOVA soutient l'existence des différences très évidentes entre les taxa (*F-value* = 9,223 ; Pr (>F) = 0,00785<α=0,01 ; ddl=39). La mesure d'uniformité de la faune nématologique au sein des agrosystèmes, ci-haut effectuée, soutient cette absence des différences significatives entre les systèmes de culture. En effet, comme le montre cette figure 30, certains taxa (*Pratylenchus, Nacobbus* et dans une moindre mesure *scutellonema, Hirschmanniella, Helicotylenchus et Radopholus*) sont plus représentés que d'autres (*Criconemella, Discocriconemella, Heterodera et Meloidogyne*).

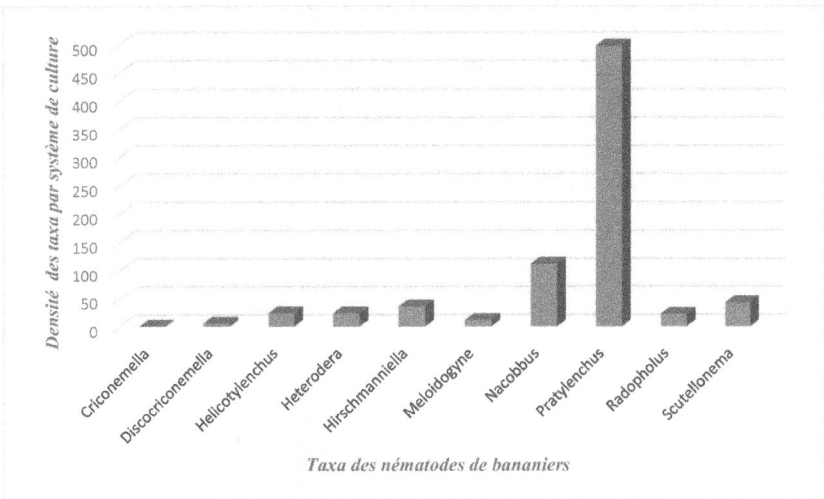

Figure 30 : Densité moyenne de nématodes de bananiers selon les taxa au sein de système de culture

3.3.2. La prévalence et la diversité des nématodes des bananiers selon les cultivars de la région de Kisangani

Les résultats obtenus révèlent que le taux d'attaque de nématodes de bananiers est globalement très élevé chez tous les cultivars avec un minimum de 72,7% observé chez le cultivar Litete. En conséquence, il n'existe pas de différences significatives entre les cultivars du point de vue du taux d'attaques de nématodes de bananiers. Il en est de même pour les indices écologiques, excepté le cultivar Libanga Likale et dans une certaine mesure Litete et Libanga Lifombo qui brillent par leurs écarts par rapport aux autres (Figure 31).

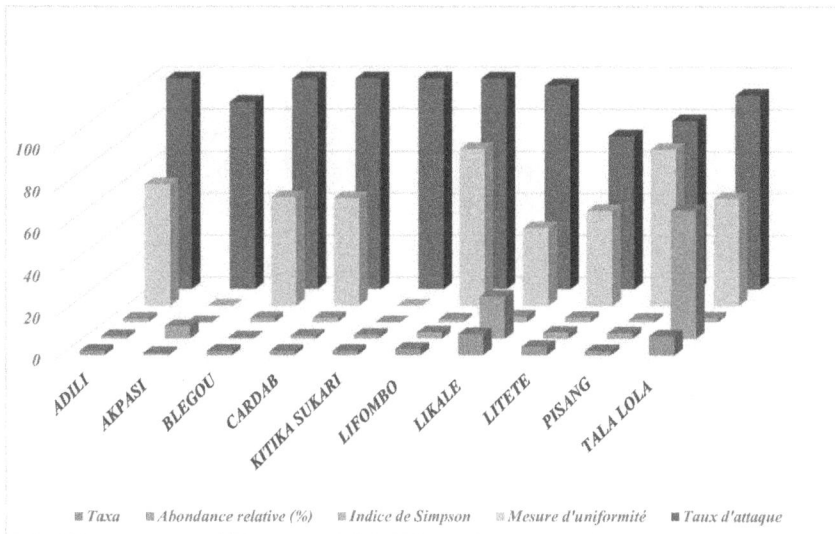

Figure 31 : Indices écologiques de la faune nématologique selon les cultivars des bananiers

S'agissant de la distribution des nématodes des bananiers selon les cultivars, nos résultats soutiennent l'absence d'une quelconque relation de dépendance (χ^2=1794,8 ; p=0,60535>α=0,05 ; ddl=81). Autrement dit, les nématodes parasitent au hasard tous les cultivars des bananiers et qu'il n'existe pas donc de cultivars particulièrement plus attaqués que d'autres. La réalisation de l'ANOVA à ce sujet est en faveur de l'égalité de la vulnérabilité de cultivars vis-à-vis de nématodes (F=0,9643 ; p = 0,485>α=0,05 ; ddl=99).

Il en est de même pour les taxa de nématodes de bananiers selon les cultivars ($F = 1,516$; $p = 0,1829 > \alpha = 0,05$; ddl=99), en dépit de différences observées dans leur abondance. En d'autres termes, tous les taxa de nématodes de bananiers ont les capacités égales de parasiter chaque cultivar de bananiers. C'est particulièrement les cas de *Pratylenchus*, de *Nacobbus* et, dans une certaine mesure, de *Helicotylenchus*, comme le témoigne cette figure 32 (annexe 3.8).

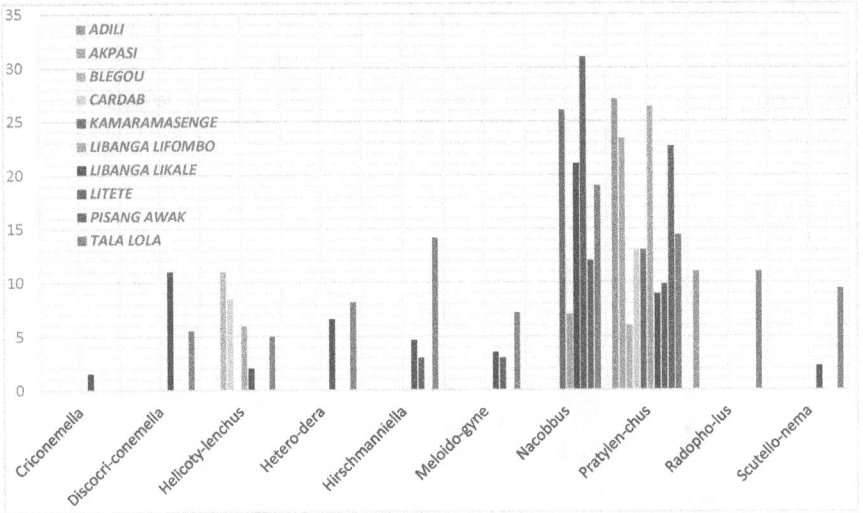

Figure 32 : Densité moyenne de taxa de nématodes de bananiers selon les cultivars

3.3.3. La prévalence et la diversité des nématodes selon l'âge des bananeraies

Les résultats de notre étude, tel qu'illustrés sur la figure 33, révèlent qu'à tous les âges de la bananeraie, le taux d'attaque de nématodes de bananiers est globalement très élevé avec un minimum de 94,2%. En conséquence, il n'existe pas de différences significatives entre les bananeraies du point de vue du taux d'attaques de nématodes de bananiers selon l'âge. Il en est de même pour la diversité de la faune nématologique, la mesure d'uniformité et dans une certaine mesure pour le nombre des taxa.

L'abondance relative de nématodes des bananiers n'en révèle pas non plus ($\chi^2 = 48,01$; $p = 0,4472 > \alpha = 0,05$; ddl=45) en dépit des écarts observés entre les bananeraies de moins de 3 ans par rapport à ceux qui en ont plus. Dès lors, on en déduit que la vulnérabilité des bananiers aux nématodes est faiblement influencée par leur âge (annexe 3.9).

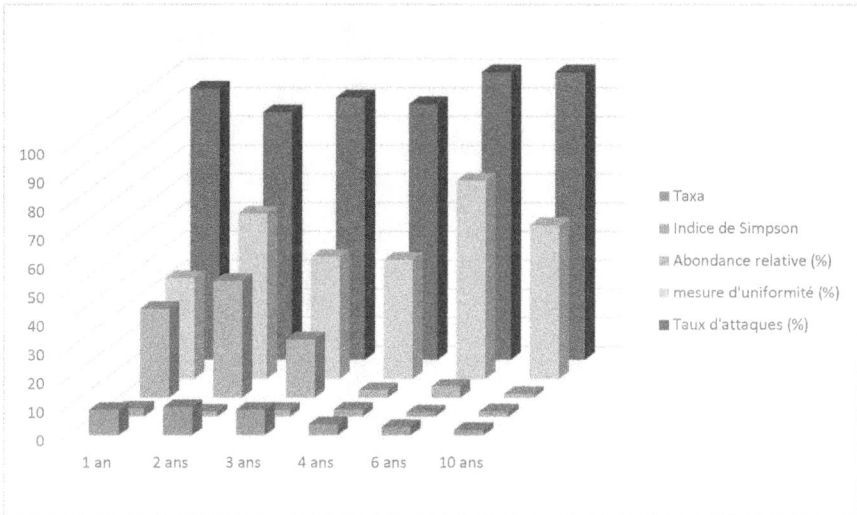

Figure 33 : Indices écologiques de la faune nématologique selon l'âge des bananeraies

S'agissant de la densité moyenne de nématodes, elle est faiblement influencée par l'âge de la bananeraie. En effet, la réalisation de l'ANOVA ne révèle pas de différences significatives entre l'abondance des nématodes selon l'âge des bananeraies (F=2,053 ; Pr (<F) =0,0892>α=0,05, ddl=59). Toutefois, en delà de ce seuil (α=0,10), les différences sont évidentes. Autrement dit, quel que soit leur âge, l'abondance des nématodes au sein des bananeraies de la région de Kisangani est quasi égale, contrairement aux systèmes de culture et aux cultivars.

Par ailleurs, entre les densités de taxa de nématodes selon l'âge de bananeraie, cette ANOVA soutient l'existence des différences très significatives (*F-value*=4,66 ; Pr (<F) =0,00022<α=0,01 ; ddl=59). En d'autres termes, l'abondance de la faune nématologique de certains taxa est nettement influencée par l'âge des bananeraies. En effet, comme illustré sur la figure 21, certains taxa de nématodes (*Criconemella, Discocriconemella, Heterodera, Meloidogyne, Radopholus, Nacobbus* et *Hirschmanniella*) sont plus abondant dans les jeunes bananeraies, pendant que les autres taxa (*Helicotylenchus, Scutellonema* et *Pratylenchus*) accusent une certaine indifférence vis-à-vis de l'âge.

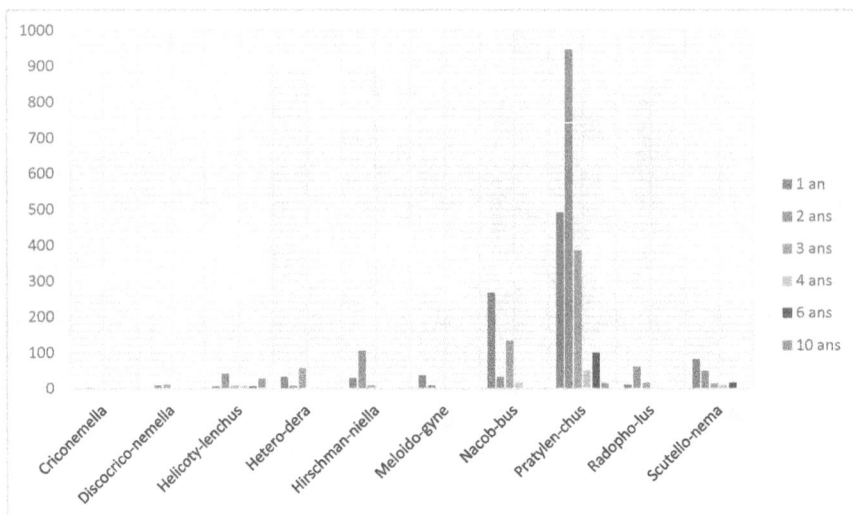

Figure 34 : Prévalence et densité moyenne des taxa de nématodes selon l'âge de bananeraie

3.3.4. Influence des caractéristiques culturales et édaphiques des bananeraies de la région de Kisangani sur l'abondance des taxa de nématodes

Tel qu'illustré sur la figure 35 (annexe 3.10), les taxa des nématodes sont différemment influencés par les caractéristiques culturales et édaphiques et peuvent être regroupés en Quatre selon leur réaction vis-à-vis des caractéristiques édaphiques et culturales des bananeraies:

- Les *Nacobbus*, *Pratylenchus* et *Heterodera*, sur qui les matières organiques, le carbone du sol et le sable ont une forte influence positive. Ils sont subissent également une forte influence négative de l'argile, des bases échangeables et de la porosité, tout en étant faiblement influencé par l'âge de la bananeraie et le niveau d'infestation de charançon

- Le *Meloidogyne* et le *Radopholus* subissent une forte influence positive de l'azote total, du limon et du pH, tout en étant négativement influencés par l'âge de la bananeraie et du niveau d'infestation de charançon. Ils sont faiblement influencés par le sable.

-   Le *Hirschmanniella* et le *Scutellonema* subissent une forte influence positive de l'argile, des bases échangeables et de la porosité mais sont également négativement influencés par le sable. Ils sont faiblement influencés par les matières organiques, le carbone du sol, l'âge de la bananeraie et le niveau d'infestation du charançon.

-   *Discocriconemella,* le *Helicotylenchus* et le *Criconemella* sont négativement influencés par les matières organiques et le carbone du sol, mais positivement influencés par l'argile, l'âge de la bananeraie et le niveau d'infestation du charançon.

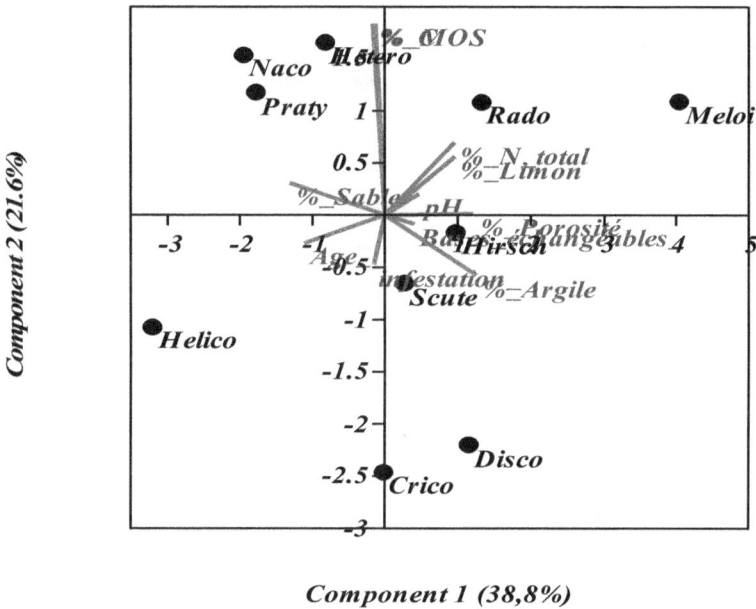

Component 1 (38,8%)

Figure 35 : ACP des taxa de nématodes des bananiers selon les caractéristiques culturales et physico-chimiques des sols

Chapitre IV : DISCUSSIONS

Les résultats obtenus seront discutés autour de deux points majeurs:

- La comparaison de la prévalence et de la diversité de ravageurs de bananiers au sein des systèmes de culture dans la région de Kisangani
- Les influences de caractéristiques agro-écologiques des agrosystèmes sur la prévalence et la diversité des ravageurs des bananiers en région de Kisangani

4.1. La prévalence et la diversité des ravageurs de bananiers au sein des systèmes de culture de la région de Kisangani

Sous ce point, les résultats de notre étude seront discutés en rapport avec les influences des systèmes de culture et des cultivars sur la prévalence et la sévérité/diversité des ravageurs des bananiers : charançon d'abord et nématodes ensuite.

4.1.1. La prévalence et la sévérité du charançon des bananiers au sein des systèmes de culture de la région de Kisangani

Il est ressorti de résultats obtenus qu'en dépit de l'absence des différences significatives de la prévalence des attaques du charançon des bananiers entre les systèmes de culture, c'est au sein des systèmes agroforestiers et en forêt secondaire que se sont enregistrées les plus faibles prévalences. En effet, les attaques du charançon des bananiers ont été évaluées à 53,3% au sein du système agroforestier contre 49,9% en forêt secondaire, 72,9% en jachère et 71,4% en jardin de case. D'où la prévalence moyenne des attaques du charançon estimée à 62% au sein de bananeraies de la région de Kisangani.

S'agissant de la sévérité des attaques du charançon des bananiers, notre étude a trouvé qu'elle accuse des différences hautement significatives entre les systèmes de culture. C'est au sein du système agroforestier que la sévérité des attaques du charançon est la plus faible (5,9%). Il est suivi du jardin de case (19,5%) puis de la forêt secondaire (24,5%) et en fin de la jachère (41,6%). D'où la sévérité moyenne du charançon des bananiers estimée à 25 %. Ainsi, le système agroforestier réduit d'environ 20% la sévérité des attaques des charançons par rapport à la moyenne et de près de 35% par rapport à la jachère.

Ces résultats corroborent ceux de SONGBO (2009) qui évalua, dans la région de Kisangani, la prévalence d'attaques de charançon autour de 42 à 67%, et la sévérité autour de 30% tout en précisant que le développement des galeries se situe entre ¼ et ½ de la circonférence du bulbe. Ce qui correspond au niveau 30. Ces infestations sont mal connues par les paysans qui attribuent la destruction des bulbes à la sénilité des bananiers.

Au vu de ces résultats, trois faits importants se dégagent :

- Aucun système de culture des bananiers n'est épargné des attaques du charançon. Ceci serait dû au fait que les paysans prélèvent généralement les rejets de multiplication dans les vieux champs délaissés en jachère sans se préoccuper d'un traitement préalable avant plantation. En effet, dans le système de culture en forêt secondaire en particulier, l'infestation devrait être rare, et proche du niveau zéro. Dès lors, son prévalence si élevée ne peut se justifier que par l'utilisation d'un matériel de propagation déjà infesté.
- Le système agroforestier et celui de forêt secondaire ont des prévalences similaires, qui sont réduites, de près de 20% par rapport aux systèmes en jachère et en jardin de case, d'une part et de 10% par rapport à la prévalence moyenne, pendant que les systèmes en jachère et en jardin de case accroissent cette prévalence de 10%. Cette réduction de la prévalence ne peut guère être sous-estimée sur le plan technique.
- En jardin de case, la prévalence est très élevée mais la sévérité est relativement plus faible. Cela peut être dû au fait que la culture de case dure longtemps en place étant bien fumée avec les ordures ménagères, ce qui fait que les pieds infestés constituent un réservoir pour les autre pieds de bananier progressivement.

D'où, en dépit de l'absence de différences significatives entre les systèmes de culture de bananier, en ce qui concerne la prévalence des attaques du charançon, un certain potentiel de réguler les ravageurs est à reconnaître au système agroforestier et celui en forêt secondaire, sur le plan purement technique. Ce fait justifie les préférences de paysans, aujourd'hui en vogue, d'implanter les bananiers sur de sols forestiers après brûlis, ce qui, malheureusement contribue à la déforestation.

4.1.2. La prévalence et la diversité des nématodes des bananiers selon les systèmes de culture de la région de Kisangani

La présente étude montre qu'il existe des différences évidentes des prévalences d'attaques de nématodes entre les systèmes de culture. En effet, ces attaques sont relativement moindres en jardin de case (31,4%), pendant que qu'elles sont très élevées en système agroforestier (93.4%) et presque la même qu'en jachère et en forêt secondaire (88.6%).

Quant à la diversité et de la densité de nématodes de bananiers au sein des systèmes de culture, des différences significatives ne sont pas ressorties de l'ANOVA. Le système agroforestier et celui en forêt secondaire ont les plus faibles diversités (1,87 et 2,02 respectivement) et les moindres densités moyennes estimées à 55 et 74 individus pendant que la jachère et le jardin de case brillent par les fortes densités moyennes respectives de 103 et 121 individus avec des diversités de 2,13 et 2,77 respectivement, soit une densité moyenne de 10 individus par souche.

Au vu de ces résultats, on s'aperçoit que le système agroforestier réduit de près de 50%, la densité des nématodes, et de près de 30% la diversité de nématodes, par rapport aux autres systèmes de culture. Etant donné que ce système connaît une prévalence d'attaques élevée, il est évident que ces attaques soient de très faible gravité et par ricochet, des attaques de faible impact sur la production. De ce fait, par rapport à la sévérité des attaques et à la diversité des nématodes, le système agroforestier se montre le plus performant pendant que le système de culture en jachère est le pire. Il est probable que certains facteurs édaphiques et culturaux soient à la base de la performance de ce système.

Faisons remarquer que notre étude a mis en évidence les 9 genres de nématodes de bananiers suivants selon leurs formes parasitaire d'après *Pratylenchus, Helicotylenchus et Radopholus* parmi les nématodes migrateurs, *Discocriconemella, Heterodera, Meloidogyne et Criconemella* parmi les nématodes ectoparasites et *Nacobbus, Hirschmanniella*, et *Scutellonema* parmi les endoparasites.

A l'exception du *Criconemella*, tous les autres genres figurent sur la liste de la faune de nématodes phyto-parasites associés à la culture des bananiers plantains dressée par (LUC_et_VILARDEBO, 1961). Cette liste est composée des quinze genres ci-dessous *Aulosphera, Cephalenchus, Criconemella, Ditylenchus, Helicotylenchus, Hoplolaimus, Meloidogyne, Paratylenchus, Pratylenchus, Radopholus, Rotylenchus, Scutellonema, Telotylenchus, Tylenchorhynchus, et Xiphinema.*

L'absence du **Criconemella** dans ladite liste peut être due à son absence dans le milieu d'étude de ces auteurs mais aussi aux types de bananiers, d'autant plus que ceux-ci n'ont considéré que les plantains. Une autre possibilité est son émergence ultérieure à leur étude.

Au vu des discussions, considérant que sur le plan technique, la sévérité et la diversité tant du charançon que de nématodes de bananiers, sont réduites de 20 à 30% en système agroforestier et en forêt secondaire, par rapport aux systèmes en jachère et en jardin de case, quel que soit l'âge de la bananeraie, notre première hypothèse est donc infirmée dans sa première partie selon laquelle « *il existerait de différences de la prévalence et de sévérité des ravageurs de bananier entre les systèmes de culture* ».

Autrement dit, sur le plan purement technique, les attaques de ravageurs de bananiers sont nettement moindres au sein du système agroforestier et celui en forêt. En conséquence, dans les perspectives de réduire la déforestation, le système agroforestier se montre une pertinente alternative au système de culture bananière en forêt, face aux enjeux environnementaux actuels. Corrélativement à cette infirmation, la troisième hypothèse de cette étude se trouve ainsi affirmée selon laquelle « *les pratiques agroforestières réduiraient la prévalence et la diversité des ravageurs* ».

4.1.4. La prévalence et la sévérité du charançon des bananiers selon les cultivars dans la région de Kisangani

Les résultats obtenus révèlent que les prévalences d'attaques du charançon des bananiers montrent de différences significatives entre les cultivars et entre les systèmes de culture. Ainsi, quel que soit le système de culture, le charançon des bananiers se rencontre dans tous les cultivars exploités dans la région de Kisangani et constitue par conséquent une importante contrainte à la production de cette culture de grande prédilection, avec toutes ses répercussions sur la sécurité alimentaire.

Toutefois, certains cultivars dont Pisang Awak (*Musa* ABB) et le bananier plantain Litete (*Musa* AAB) se sont montrés relativement moins attaquées (40 et 44% respectivement), pendant que d'autres comme Libanga Lifombo (*Musa* AAB) *et* Tala Lola (*Musa* AAB) des prévalences élevées (75 et 66,7% respectivement). D'où un taux moyen d'attaque du charançon des bananiers, de tous les cultivars, estimé à 60 %. De ce fait, certains cultivars, par rapport à d'autres, réduiraient la prévalence d'attaques du charançon des bananiers de plus de 25% quel que soit le système de culture, pendant qu'ils la réduiraient de près de 20% par rapport à la prévalence moyenne.

A ce sujet, nos résultats rejoignent ceux de SONGBO (2009) qui trouva que tous les cultivars sont sensibles aux attaques de charançon quel que soit le type de culture, avec des taux très élevés, supérieurs à 60%. Les taux d'attaque les plus élevés sont enregistrés sur Libanga Likale (*Musa* AAB) et Litete (*Musa* AAB) en culture issues de jachère, où ils présentent de niveaux d'attaque de bulbe plus élevé que les cultivars de forêt secondaire et certainement que ceux en système agroforestier. Cela serait dû au non entretien régulier de champ, à la présence des anciennes souches et des hôtes.

De cette analyse, il se dégage que sur le plan technique, le choix de cultivars, autant que celui de système de culture, ne peut guère être négligé dans la stratégie de lutte contre le charançon des bananiers. Encore une fois, le système de culture en forêt est privilégié et le système agroforestier se montre comme une alternative à cet autre système qui rime avec la déforestation.

4.1.5. La prévalence et la diversité des nématodes des bananiers selon les cultivars en région de Kisangani

Les résultats de cette étude ont révélé que le taux d'attaque de nématodes de bananiers est globalement très élevé chez tous les cultivars avec de minima de 72,7 et 80 % observés chez les cultivars Litete (*Musa* AAB) et Pisang Awak (*Musa* ABB). En conséquence, de différences significatives ne sont pas ressorties entre les cultivars du point de vue du taux d'attaques de nématodes. Il en est de même pour les indices écologiques, excepté le cultivar Libanga Likale (*Musa* AAB) et dans une certaine mesure Litete (*Musa* AAB) et Libanga Lifombo (*Musa* AAB) qui accusent des écarts non négligeables par rapport aux autres.

Ces résultats sont en conformité avec la théorie de l'utilisation de la résistance variétale en protection intégrée de culture contre leurs ennemis. En effet, les niveaux de tolérances aux nématodes sont très variables entre les bananiers. Ils dépendent d'une part de la dureté des parois cellulaires et de leur teneur en lignine ; d'autre part de la capacité des bananiers à émettre des composés phénoliques (flavonoïdes, acide férulique, dopamine, esters caféiques …) qui contribuent à défendre les tissus attaqués par R. similis. D'autres mécanismes pourraient toutefois être impliqués (SIKORA_et_POCASANGRE, 2004).

En somme, du fait que certains cultivars, par rapport à d'autres, réduisent la prévalence d'attaques aussi bien du charançon que des nématodes des bananiers de plus de 25% quel que soit le système de culture, la deuxième partie de notre première hypothèse est donc affirmée selon laquelle « *les cultivars de bananiers réagiraient différemment à l'infestation selon le système de culture* ». En d'autres termes, le choix judicieux de cultivar à l'implantation d'une bananeraie, est une des mesures adéquates de lutte contre les ravageurs de bananiers.

4.2. Les influences des caractéristiques agro-écologiques des agrosystèmes sur la prévalence et la diversité des ravageurs des bananiers

Sous ce point, les résultats de notre étude seront discutés autour des influences des caractéristiques physico-chimiques des sols et de l'âge des bananeraies sur la prévalence et la sévérité/diversité des ravageurs des bananiers : charançon d'abord et nématodes ensuite.

4.2.1. La prévalence et la sévérité du charançon des bananiers selon les caractéristiques physico-chimiques des sols

La présente étude a indiqué que les similitudes du système agroforestier à celui de jardin forestier sont réglées par la teneur relativement plus élevée du sable pendant que celles du jardin de case et de jachère reposent sur les teneurs des matières organiques, des bases échangeables et de l'azote total. Par ailleurs, le pH se montre le facteur de similitude entre le système agroforestier et la forêt secondaire, tandis que les teneurs d'argile, du limon et la porosité rapproche le système bananier en jachère de celui en forêt.

Quant à la prévalence et la sévérité des attaques du charançon des bananiers, il est ressorti qu'au sein des jardins de case et les jachères, le taux d'attaque du charançon des bananiers est corrélé positivement avec la teneur en matières organiques et avec la teneur du sable, mais négativement. Par contre, il est indifférent de la teneur en argile et de la porosité. C'est bien le contraire pour l'indice de sévérité. Par contre en forêt secondaire et en système agroforestier, le taux d'attaque et l'indice de sévérité sont faiblement influencés par les facteurs édaphiques.

Ces résultats reflètent l'influence que les paramètres réglant la similitude entre les systèmes de culture ont sur la dynamique du charançon des bananiers. Ainsi, la faible influence des facteurs édaphiques sur la prévalence et la sévérité des du charançon des bananiers en forêt secondaire et en système agroforestier est attribuable à l'indifférence de ce ravageur vis-à-vis du pH qui pilote leur similitude. N'étant pas un organisme tellurique, il est probable que le charançon des bananiers ne soit pas affecté par le pH du sol.

Par ailleurs, la forte influence qu'ont la teneur en matières organiques (positivement) et la teneur du sable (négativement) sur la prévalence et la sévérité des attaques du charançon en jachère et en jardin de case, est attribuable aux réactions de ce ravageur vis-à-vis de débris végétaux et du sable. En effet, GOLD_et_al. (2000) précisent que le charançon est particulièrement attiré par les débris végétaux se trouvant à la base des pieds de bananiers ; et ils fuient le dessèchement du sol que lui apporte la dominance excessive du sable.

4.2.2. La prévalence et la sévérité du charançon des bananiers selon l'âge de bananeraie dans la région de Kisangani

Notre étude a révélé que l'influence de l'âge de la bananeraie sur le taux d'attaque du charançon est quasi nulle (r= 0,1058 avec R^2=0,0112), pendant que cette influence est plus forte sur leur sévérité (r=-0,6128 avec R^2=0,7828).

Ces résultats s'expliqueraient par la faible mobilité de ce ravageur et par le caractère essentiellement primaire de l'infestation des souches. Toutefois, la présence de plusieurs rejets en développement entrerait également en ligne de compte. En effet, généralement infestés par le matériel de plantation, les souches attaquées sont quasi celles issues de rejets infestés utilisés. Comme les nouveaux individus issus de la reproduction héritent les souches initialement attaquées du fait que les adultes migrent vers les nouveaux rejets de la même souche, les bananeraies renferment presque le même nombre de souches attaquées. D'où, la faible influence de l'âge de la bananeraie sur la prévalence des attaques.

Par ailleurs, comme les nouveaux individus héritent forcement les souches attaquées par leurs parents depuis des années, il est une évidence que la sévérité des attaques augmente avec le temps. D'où la forte influence de l'âge de bananeraie sur la sévérité des attaques du charançon révélée par nos résultats.

Globalement, ceci est aussi vrai pour les nématodes des bananiers chez qui à tous les âges, le taux d'attaque est également très élevé avec un minimum de 94,2%. La diversité et la densité de nématodes sont aussi faiblement influencées par l'âge de la bananeraie.

4.2.3. La prévalence et la diversité des nématodes des bananiers selon les caractéristiques physico-chimiques des sols de la région de Kisangani

Notre étude a révélé que les nématodes de bananiers sont différemment influencés par les caractéristiques physico-chimiques des sols des bananeraies. En effet, les *Nacobbus*, *Pratylenchus* et *Heterodera* se sont montrés influencés positivement par les matières organiques, le carbone du sol et le sable, mais négativement influencés par l'argile, les bases échangeables et la porosité, tout en étant faiblement influencé par l'âge de la bananeraie et le niveau d'infestation de charançon. Par contre, *Meloidogyne* et *Radopholus* subissent une forte influence positive de l'azote total, du limon et du pH, tout en étant négativement influencés par l'âge de la bananeraie et du niveau d'infestation de charançon. Ils sont faiblement influencés par le sable.

Quant à *Hirschmanniella* et *Scutellonema*, ils subissent une forte influence positive de l'argile, des bases échangeables et de la porosité mais sont négativement influencés par le sable. Ils sont faiblement influencés par les matières organiques, le carbone du sol, l'âge de la bananeraie et le niveau d'infestation du charançon. En fin, *Discocriconemella*, *Helicotylenchus* et *Criconematida* sont négativement influencés par les matières organiques et le carbone du sol, mais positivement influencés par l'argile, l'âge de la bananeraie et le niveau d'infestation du charançon.

Ces résultats s'expliqueraient par la notion de la niche écologique des espèces. En effet, dans le sol, plusieurs paramètres peuvent agir ensemble pour induire un changement dans le peuplement nématologique et les actions spécifiques dues aux uns et aux autres sont pratiquement impossibles à séparer. Ces facteurs peuvent agir directement en affectant la mobilité du nématode, influençant ainsi sa distribution. Ils peuvent modifier la physiologie du nématode et affecter les probabilités de rencontre des individus mâles et femelles retardant ou empêchant ainsi la reproduction. Enfin, ils agissent de façon indirecte sur l'aptitude de la racine à nourrir le nématode régulant ainsi les populations (GODEFROY_et_al, 1998).

Il a été également démontré que l'abondance de certains taxa des nématodes sont partiellement en rapport avec le type de sol : les Criconematidae dans les sols sableux, alors que les Longidoridae sont plus abondants en sols sableux. Pris ensemble, plusieurs paramètres édaphiques peuvent permettre de prédire la présence d'une population ou même expliquer certaines variabilités spatiales des peuplements de nématodes (CADET_et_N'DIAYE, 1994).

Selon les mêmes auteurs, la texture, le pH, l'humidité et la matière organique (C et N) peuvent expliquer 13 à 27% de la variabilité du peuplement. Les bases (Mg, Ca, Na et K) sont les facteurs du sol qui sont positivement associées au plus grand nombre d'espèces de nématodes. La granulométrie influence directement les nématodes lors de la pénétration dans les racines et indirectement par leur effet sur le développement des racines. La teneur en argile influencerait les relations plante-hôte en augmentant la CEC et en affectant ainsi le mouvement à travers les pores du sol.

Nos résultats sont tout à fait conformes à la conclusion de ces auteurs. Ces faits expliqueraient probablement pourquoi certains taxa se rencontrent plus dans tel système de culture sur tel sol C'est le cas de *Pratylenchus* qui se rencontrent préférentiellement dans les sols argileux, le *Scutellonema* lié aux sols sableux.

Au vu de ces discussions sous ce point, notre deuxième hypothèse est affirmée selon laquelle « *la prévalence tout comme la diversité des ravageurs des bananiers serait nettement influencée par certaines caractéristiques agro-écologiques des agrosystèmes* ». En conséquence, certaines pratiques culturales susceptibles d'influer sur les caractéristiques agro-écologiques des bananeraies, telles que les rotations, les associations des cultures, l'intégration des plantes de couverture, l'incinération, le labour…peuvent efficacement contribuer au contrôle de ravageurs des bananiers.

CONCLUSION

L'objectif de cette étude a été d'évaluer le potentiel de régulation de ravageurs au sein des systèmes de culture en appréciant leur influence ainsi que celle des caractéristiques agro-écologiques des bananeraies sur la diversité et la prévalence de ces ravageurs.

D'après les résultats obtenus, les attaques du charançon des bananiers ont été évaluées à 53,3% au sein du système agroforestier contre 49,9% en forêt secondaire, 72,9% en jachère et 71,4% en jardin de case. Par contre, le système agroforestier et celui en forêt secondaire ont les moindres densités moyennes des nématodes estimées à 55 et 74 individus pendant que la jachère et le jardin de case en ont les fortes estimées respectivement à 103 et 121 individus.

Dans la région de Kisangani, la prévalence moyenne des attaques du charançon de bananiers est évaluée autour de 62% avec une sévérité moyenne de près de 30%. Par contre, la prévalence moyenne de nématodes est de 75% avec une densité moyenne de 10 individus par souche. Ainsi, la prévalence, la sévérité et la diversité tant du charançon que de nématodes de bananiers, sont réduit de 20 à 30% en système agroforestier et en forêt secondaire, par rapport aux systèmes en jachère et en jardin de case, quel que soit l'âge de la bananeraie. Toutefois, la prévalence tant des nématodes que du charançon des bananiers est faiblement corrélée à l'âge de la bananeraie pendant que la diversité tout comme la sévérité en est fortement corrélée dans le sens négatif.

Par ailleurs, la présente étude a mis en évidence les 9 genres de nématodes suivants : *Criconemella, Discocriconemella, Heterodera, Meloidogyne, Radopholus, Nacobbus* et *Hirschmanniella, Helicotylenchus, Scutellonema* et *Pratylenchus.* Ceux-ci réagissent différemment aux caractéristiques physico-chimiques du sol et aux cultivars de bananiers : les *Nacobbus, Pratylenchus* et *Heterodera* sont positivement influencés par les matières organiques et le sable, mais négativement influencés par l'argile, les bases échangeables et la porosité. Par contre, *Meloidogyne* et *Radopholus* subissent une forte influence positive de l'azote total, du limon et du pH. Quant à *Hirschmanniella* et *Scutellonema,* ils subissent une forte influence positive de l'argile, des bases échangeables et de la porosité mais sont négativement influencés par le sable. En fin, *Discocriconemella, Helicotylenchus* et

Criconematida sont négativement influencés par les matières organiques, mais positivement influencés par l'argile.

Cependant, l'abondance relative de certains taxa est nettement influencée par l'âge des bananeraies : *Criconemella, Discocriconemella, Heterodera, Meloidogyne, Radopholus, Nacobbus* et *Hirschmanniella* sont plus abondant dans les jeunes bananeraies, pendant que *Helicotylenchus, Scutellonema* et *Pratylenchus* en accusent une certaine indifférence.

De plus, quel que soit le système de culture et l'âge de la bananeraie, certains cultivars dont Pisang Awak (*Musa* ABB) et le bananier plantain *Litete* (*Musa* AAB) se sont montrés relativement moins attaquées (40 et 44% respectivement), pendant que d'autres comme *Libanga Lifombo* (*Musa* AAB) *et* Tala Lola (*Musa* AAB) des prévalences élevées (75 et 66,7% respectivement). De ce fait, certains cultivars, par rapport à d'autres, réduiraient la prévalence d'attaques du charançon des bananiers de plus de 25% quel que soit le système de culture, pendant qu'ils la réduiraient de près de 20% par rapport à la prévalence moyenne.

Bien que fragmentaires à certains égards, l'ensemble des résultats obtenus au cours de cette étude fournit des informations sur le potentiel de systèmes de culture à réguler les ravageurs de bananiers dans la région forestière de Kisangani. C'est ainsi que dans une perspective de lutte intégré contre ces ravageurs, il serait impérieux qu'une étude expérimentale soit conduite pour évaluer le potentiel de certaines pratiques culturales à réduire la dynamique de la prévalence et de la diversité de ces ravageurs ainsi d'en évaluer leurs impacts sur la productivité de la culture. Ces pratiques culturales à expérimenter seraient la rotation, les associations culturales, les plantes de couverture, l'entretien et les amendements dans un système sans ou avec brûlis, sous différentes densités d'arbres ou dans un système de culture associé aux légumineuses arbustives….

References bibliographiques

- ABERA-KALIBATA, A. G., 2008, Experimental evaluation of the impacts of two and species on banana weevil in Uganda. 2(46), 147-157.

- AMUNDALA N., 2013, *Ecologie des population de Rongeurs (Rodentiia, Mammalia) dans une perspective de gestion des espèces nuisibles aux cultures dans la région de Kisangani (R.D. Congo)*. Kisangani, 315p: Thèse de Doctorat, Faculté des Sciences, UNIKIS.

- BIZIMANA S, N. P.,2012, *Conduite culturale et Protection du bananier au Burundi*. Bujumbura: Institut des Sciences Agronomiques du Burundi.

- BOURAIMA, O.,1998, Les systèmes de culture comportant le bananier en Côte d'Ivoire. *Les productions bananières:un enjeu économique majeur pour la sécurité alimentaire, Rapport de symposium, Douala, Cameroon*, pp. 589-695.

- CADET_et_N'DIAYE., 1994, Caractérisation et diversité des nématodes en rapport avec le raccorcissement du temps de jachère. *ORSTOM : Biodiversité et développement durable en Afrique Centrale et de l'Ouest*, 40-47.

- CHAVE, 1999, *Dynamique spati-temporelle de la forêt tropicale: Influence des perturbations climatiques et étude de la phytodiversité*. Orsay: thèse de l'Université Paris-Sud.

- DARRE. (1996). *Inventaire des pratiques dans l'Agriculture d' Afrique tropicale: Vulgarisation et production locale des connaissances*. Paris: APAD-Karthala.

- DEBAEKE P, D. M. (2000). Prise en compte de la biologie des ravageurs dans la similation des épidémies par le modèle Asphodel. *Annales 6ème conf. Int. Maladies des lantes, AFPP, Tours*, Décembre 6-8, pp. 251-258.

- DELVILLE-LAVIGNE. (2000). *Les enquêtes participatives en débat: Ambition,Pratique et Enjeux*. Paris: Karthala,ICRA et GRET.

- DeWAELE, D. (1998). *Les nématodes à galles des bananiers et plantins*. Parasites de Musa: Fiche technique N°4.

- DHED'A, MOANGO et SWENNEN, 2011, *La culture des bananiers et bananiers plantains en République Démocratique du Congo, Support didactique*. Media Congo, saint-Paul, Kinshasa, 88p

- DHED'A_et_al., 2009, *Enquête diagnostic sur la culture des bananiers et bananiers plantins dans les zones périphériques de la ville de Kisangani et quelques villages du district de la Tshopo (RDC)*. Fac.Sc.,UNIKIS: Rapport N° ZRDC2008MP056.

- Division du Plan, 2013, *Les chiffres au service de la nation:Bulletin des statistiques générales*. Kisangani: 4ème trimestre.

- DUCOURTIEUX, 2005, *Agriculture d'abattis sur brulis et élimination de la pauvrété: un problème complexe*. 28p: Rapport Projet de thèse.

- ELOY. (2008). *Résilience des systèmes indigènes d'agriculture itinérante en contexte d'urbanisation dans le Nord-Ouest de l'Amazonie brésilienne*. Récupéré sur confins(2): http://confins.revues.org/index1332.html

- ELSEN, D., (2002). Effet de trois champignons mycorhiziens arbusculaires sur l'infection du bananier par les nématode à galle des racines(Meloidogyne spp). *Infomusa N°11*, 21-23.

- FERET_et_DOUGUET, (2001), Agriculture durable et raisonnée: Quels principes et quelles pratiques pour la soutenabilité du développement en Agriculture? *Natures sciences sociétés*, 9:58-64.

- GODEFROY_et_al., (1998), Etude de la jachère en monoculture bananière dans les conditions écologiques de la Martinique. *Actions sur les caractéristiques chimiques, structurales et microbiologiques du sol*, pp. Fruits,43:225-228KASWERA

- GOLD, M., (2000). *Charançon du bananier cosmospolites sordidus: Parasites et ravageurs de Musa*. Fiche technique N°4.

- GROUZIS, M., (1999). Systèmes de culture sur abatis-brûlis et déterminisme de l'abandon cultural dans une zone semi-aride de Madagascar. *Actes du colloque sur la jachère en Afrique Tropicale:Rôles,Aménagements et alternatives*, (p. 468). DAKAR.

- HILY, Y. (2013). *Evaluation multicritère de systèmes de culture innovants à bas niveau d'intrants dans le Sud-Ouest de la France: Approche comparative d'une démarche à priori et à posteriori*. Université de Rennes, Agrocampus Ouest,Dumas: Agriculture science.

- HOARAU, O., (2003). *Lutte contre le charançon noir du bananier (Cosmopolites sordidus)*. CIRAD-FLHOR: Rapport annuel du CTEA.

- HUGON, G., (1984). Dynamique des populations des nématodes en fonction du stade de développement et le climate. *Fruits*, 251-253.

- KREMEN, (2005), Managing ecosystem services:what do we need to know about their ecology? *Ecology letter*, 8:468-479.

- KYAMAKYA, (2007), *Aperçu sur l'écologie et la structure des populations des Macroscélides dans la région de Kisangani (R.D. Congo)*. Fac. des Sciences, UNIKIS, 50p: Memoire de D.E.S., Inédit.

- LORIOUX, D., (2008), *L'agriculture durable, une voie d'avenir: Grands principes, méthodes et indicateurs* (éd. FNAP). Bourgogne: CIVAMR.

- LUBINI A., (1982), *Végétation messicole et post cultural des Sous-Régions de Kisangani et de la Tshopo (Haut-Zaïre)*. Faculté des Sciences, UNIKIS,718 p: Thèse de Doctorat.

- LUC_et_VILARDEBO. (1961). Les nématodes associés aux bananiers cultivés dans l'Ouest africain. *Fruits*, vol 16, N°6,pp:261-279.

- LUDOVIC_et_al. (1993). Les systèmes de production du plantin et les perspectives d'intensification dans le Sud-Ouest du Cameroun. *Fruits, EDP Sciences*, 48 (2), pp119-123.

- MARIEN, E. D., 2013, *Quand la ville mange la forêt: le défis du bois-énergie en Afrique centrale*. Versailles: Quae.

- MEYNARD, J. D., 2001, L'évaluation et la conception de systèmes de culture pour une agriculture durable. *Pratiques agricoles et pensée économique*, 4(87), 223-236.

- NDUNGO V., 2008, *Situation du wilt bacterien des bananiers dans la région de Minova: Cartographie, Impact sur la sécurité alimentaire et récommandations pour son contrôle durable*. Rapport de consultance ACF.

- NGO-SAMNICK, L. (2011). *Production améliorée du bananier plantin* (éd. Pro-Agro). Douala-Bassa: CTA et ISF.

- NSENGA. (2007). Les plantations forestières en République Démocratique du Congo, cas de Limba au Mayumbe. *Système agroforestier durable à valoriser comme puits de carbone* (pp. 46-59). Kinshasa: ConForDRC.

- NSHIMBA S.M, 2008, *Etude floristique écologique et phytosociologique des forêts de l'île Mbiye à Kisangani.* ULB, 272p: Thèse de Doctorat i,édite.

- OSSENI B, (1993). *Etude des systèmes agroforestiers comportant le bananier plantain dans le Sud de la Côte d'Ivoire.* code INRA 1432A : Rapport final de projrt de sous-traitance INRA/IDEFOR-DFAdu 3 février 1992 .

- OSSENI, B., (1998). Les systèmes de culture comportant le bananier en Côte d'Ivoire. *Les productions bananières:un enjeu économique majeur pour la sécurité alimentaire, Rapport de symposium, Douala, Cameroon*, pp. 589-695.

- PIP et COLEACP., 2011, *Guide de bonnes pratiques phytosanitaires pour la banane, banane plantain et autres bananes dites ethniques.* Récupéré sur www.coleacp.org/pip.

- RENOU, D. (2006). La protection contre les maladies et les ravageurs. Dans *memento de l'agronome* (p. xxx). CIRAD et GRET.

- SEBILLOTTE. (1990). *Système de culture: un concept opératoire pour les agronomes.* Paris: INRA.

- SIKORA_et_POCASANGRE, 2004, *Nouvelles technologies pour améliorer la santé des racines et augmenter la production des bananiers In InfoMusa*, vol.13(2), 25-29.

- SOLER A, A. (2012). Les défenses naturelles de bananiers contre les bio-agresseurs: un nouvel atout dans la mise au point de systèmes de cultures plus écologiques. *Recherches agro-environnementales: Les nouveaux challenges*, Les Cahiers du PRAM N° 11.

- SONGBO K, 2010, *Evaluation de l'infestation du Cosmopolites sordidus de bananiers dans les systèmes de culture de la région de Kisangani*, Mémoire de D.E.A, IFA/Yangambi.

- SWENNEN, R. E. (2001). Bananier Musa L. Dans Raemaekers (Éd.), *Agriculture en Afrique Tropicale* (p. 611637). Bruxelles: DGCA.

- TILMAN, 2002, Agricultural sustainability and intensive production practices. *Nature*, 418:671-677.

- TIXIER, P. (2004). *conception assistée par modèle des systèmes des cultures durables: application aux systèmes bananiers de Guadeloupe.* Montpellier: Th Doctorat, ENSAM.

- TRA VROH, N. K. (2011). Etude du potentiel de restauration de la fertilité du sol au sein des agrosystèmes de bananiers dans la zone de Dabou (Sud Côte d'Ivoire. *Sciences et Nature, Vol.8 N°1*, pp. 37-52.

DIVERSES FORMES DE NEMATODES COMME OBSERVEES AU MICROSCOPE

(Photographies de J.BRIDGE, G. GOERGEN, E.VAN DEN BERG)

Pratylenchus (filiforme) [JB]

Helicotylenchus (filiforme/ spiralé) [GG]

Discocriconemella (fuseau épaissi)

Nacobbus (arrondie/fuseau) [JB]

Achlysiella (fuseau épaissi) [JB]

Tylenchulus (en forme de poire) [JB]

Rotylenchulus (réniforme) [JB] Heterodera (forme de citron) Meloidogyne (forme de gourde

sphérique [JB]

Scutellonema (filiforme/forme [GG] Criconematid

Hirschmanniella long[JB]

Ogma structure de surface frangé/omembre [Er]

Tylenchulus apparence physique à l'extérieur de la racine (forme de poire[Ev]

75

ANNEXE 2

Clé d'identification des principaux genres observés

Définitions :
- *Setae : soies tactiles en avant de la tête*
- *Boutons basaux : base du stylet,*
- *Limite (oesophageo-intestinale) : recouvrement de l'intestin par les glandes oesophagiennes, il peut être oblique ou droit.*
- *Habitus : forme du nématode au repos ou mort*

Présence de setae céphalique ---------------------------------nématode non phytoparasite

Absence de setae céphalique --1

1. présence d'un stylet--2

absence de stylet ---nématode non phytoparasite

2. -présence de boutons basaux ---3

absence de boutons basaux --23

3. -présence d'un bulbe médian avec valvule---4

absence de bulbe médian ---21

4. - femelle filiforme ---5

femelle renflée---20

5. vulve médiane (V ≈ 50%) ---6

vulve postérieure (V ≥ 60%) --13

6. limite droite ---7

limite oblique ---9

7. stylet < 50 μm---8

stylet > 80 μm--*Dolichodorus, Macrotrophurus*

8. queue en spatule --*Psilenchus*

queue conique à arrondie----------------------*Tylenchorhynchus, Merlinius, Trophurus*

9. tête offset ---10

tête non offset ---11

10.stylet massif (40 à 50 μm) ---*Hoplolaimus*

stylet long et fin (> 90 μm) --*Belonolaimus*

11.longueur du corps 0,5 à 1 mm---12

longueur du corps 2 à 3 mm---*Hirschmanniella*

12.habitus droit --*Radopholus*

habitus spiralé ---------------------------*Rotylenchus, Scutellonema, Helicotylenchus*

13.cuticule fortement annelée, stylet allongé --14

cuticule non annelée, stylet court --16

14.cuticule double bien séparée -------------------------*Hemicycliophora, Hemicriconema*

absence de cuticule double --15

15. annelations avec épines ou ornementations -----------------------*Criconema*

annelations sans épine ou ornementations ---------------------------*Mesocriconema*s u37

16.habitus droit --17

habitus en spirale--*Helicotylenchus, Rotylenchus*

17.bulbe médian distinct mais non prononcé --18

    bulbe médian bien développé----------------------------*Aphelenchoides, Bursaphelenchus*

18.limite oblique --19

limite droite --*Tylenchus, Paratylenchus*

19.bulbe médian peu développé, stylet faible----------------------------*Ditylenchus*

!!(certaines espèces ont une limite droite)

valve du bulbe médian et stylet bien développés ------------*Pratylenchus*

20.(femelle renflée)

femelle blanche sans œufs à l'intérieur------------*Meloidogyne, Tylenchulus, Nacobbus*

corps de la femelle brun et chitinisé, œufs à l'intérieur *Heterodera, Globodera*

21.(absence de bulbe médian)

longueur du corps < 1mm, stylet court et courbe ------------*Trichodorus*

longueur du corps > 1mm, stylet long et droit ---22

22.base du stylet renflée --*Xiphinema*

base du stylet non renflée --*Longidorus*

23. (absence de boutons basaux)

queue arrondie --*Aphelenchus*

queue pointue --*Seinura*

ANNEXES 3 : RESULTATS MOYENS

3.1. Caractéristiques physico-chimiques des sols

	% Argile	% Porosité	% Limon	Bases (en méq/100 g)	pH	% Sable	% MOS	% C	% N total
Agroforestier	13.3	57.9	5.3	14.2	5.8	81.3	3.9	2.2	12.4
Forêt secondaire	23.5	61.2	9.0	16.2	5.8	67.5	3.9	2.3	12.6
Jachère	26.0	60.9	10.5	16.5	5.8	63.5	5.6	3.3	13.0
Jardin de case	16.5	58.2	7.0	15.6	5.7	76.5	6.2	3.6	12.7

3.2. Prévalence et sévérité des attaques de charançons selon les systèmes de culture

Systèmes de culture	Sites	pieds malades	pieds prospectés	attaque	sévérité
Agroforestier	1	2	5	40.0	8.5
	2	3	5	60.0	1.3
	3	2	5	40.0	7.9
Forêt secondaire	1	9	16	56.3	15.1
	2	8	20	40.0	41.2
	3	10	15	66.7	13.1
	4	9	20	45	32,1
Jachère	1	1	16	6.3	55.0
	2	11	18	61.1	17.0
	3	2	16	12.5	51.0
	4	5	20	25.0	43.2
Jardin de case	1	1	8	12.5	18.3
	2	4	10	40.0	15.7
	3	3	8	37.5	16.4
	4	2	9	22.2	27.5

3.3. Niveau d'infestation et système de culture

Niveau d'infestation	Agroforestier	Foret	jachère	jardin de case
0	7	36	19	10
10	3	1	0	2
20	0	8	5	4
30	1	8	10	4
40	1	3	7	1
50	1	1	6	1
60	2	6	9	5
70	0	3	10	6
80	0	5	4	2

3.4. Prévalence et sévérité des attaques des charançons selon les cultivars

Variétés	Libanga Likale	Kamase rerenge	Libanga lifombo	Litete	Akpasi	Nkoulu	Pisang Awak	Tala lola
Taux d'attaque	60.5	66.7	75	44.4	55.6	66.7	40	66.7
Indice de sévérité	83.8	6.5	7.9	12.4	13.7	229.1	2.6	6.5

3.5. Cultivars et niveau d'infestation des charançons

Cultivars	0	10	20	30	40	50	60	70	80
Akpasi	44.4	0.0	11.1	11.1		22.2	11.1		
Libanga Lifombo	25.0	25.0	0.0	0.0	0.0	25.0	25.0	0.0	0.0
Libanga Likale	39.5	2.3	14.0	7.0	2.3	2.3	9.3	16.3	7.0
Litete	55.6		0.0	11.1	11.1	11.1	0.0	11.1	
Pisang Awak	60.0	20.0	0.0	20.0	0.0	0.0	0.0	0.0	0.0
Tala Lola	33.3	1.8	8.8	14.9	7.9	3.5	13.2	9.6	7.0

3.6. Prévalence et sévérité des attaques de charançons selon l'âge des bananeraies

Niveau d'infestation	1 an	2 ans	3 ans	4 ans	6 ans	10 ans
0	28	25	12	2	3	2
10		1	2		2	1
20	9	5	3			
30	6	12	3	2		
40		8	3	1		
50	2	4	2	1		
60	2	14	3	1		2
70	4	10	3	2		
80	1	7	3			
Total	52	86	34	9	5	5
Taux d'attaque	46.2	70.9	64.7	77.8	40.0	60.0
Indice de sévérité	61.5	202.2	66.8	22.9	1.3	8.5

3.7. Abondance de Taxa de nématodes selon les systèmes de culture

Taxa de nématodes	Agroforestier	Forêt secondaire	Jachère	Jardin de case
Criconemella		3		
Discocriconemella		22		
Helicotylenchus	34	38	11	13
Heterodera		13	32	50
Hirschmanniella		116	28	
Meloidogyne		33	13	
Nacobbus	28		242	179
Pratylenchus	196	822	663	308
Radopholus		67	21	
Scutellonema	17	76	23	55

3.8. Densité des taxa de nématodes selon les cultivars de bananiers

	ADILI	AKPASI	BLEGOU	CARDAB	KAMARA MASENGE	LIBANGA LIFOMBO	LIBANGA LIKALE	LITETE	PISANG AWAK	TALA LOLA
Criconematida	0	0	0	0	0	0	1.5	0	0	
Discocriconemella	0	0	0	0	0	0	11	0	0	5.5
Helicotylenchus	0	0	11	8.5	0	6	2	0	0	5.0
Heterodera	0	0	0	0	0	0	6.6	0	0	8.2
Hirschmanniella	0	0	0	0	0	0	4.7	3	0	14.1
Meloidogyne	0	0	0	0	0	0	3.5	3	0	7.2
Nacobbus	0	0	0	0	26	7	21.1	31	12	19.0
Pratylenchus	27	23.4	6	13	13	26.3	8.9	9.8	22.7	14.4
Radopholus	11	0	0	0	0	0	0	0	0	11.0
Scutellonema	0	0	0	0	0	0	2.2	0	0	9.4

3.9. Abondance des Taxa nématodes selon les âges de bananeraies

Genres	1 an	2 ans	3 ans	4 ans	6 ans	10 ans
Criconematida	0	3	0	0	0	0
Discocriconemella	2	9	11	0	0	0
Helicotylenchus	6	41	8	7	6	28
Heterodera	32	7	56	0	0	0
Hirschmanniella	30	105	9	0	0	0
Meloidogyne	37	9		0	0	0
Nacobbus	268	32	133	16	0	0
Pratylenchus	492	947	385	50	100	15
Radopholus	11	61	16	0	0	0
Scutellonema	82	49	14	10	16	0

3.10 : Influence de caractéristiques édaphiques et culturales sur les Taxa de nématodes

Genres	Infestation charançon	% MOS	Bases éch	% Sable	pH	% N total	Age	% Porosité	% Argile	% Limon	% C
Crico	70.0	3.2	12.0	68.0	5.6	0.1	2.0	61.8	24.0	8.0	1.9
Disco	5.6	3.3	17.9	64.9	5.7	0.1	2.2	60.6	27.8	7.3	1.9
Helico	33.9	3.9	14.5	74.8	5.8	0.1	5.0	57.3	18.4	6.8	2.3
Hetero	26.5	5.8	15.2	68.7	5.6	0.1	2.4	57.9	22.7	8.7	3.4
Hirsch	21.9	4.5	14.9	65.3	5.7	0.1	2.0	60.7	25.3	9.4	2.6
Meloi	30.6	5.0	14.8	60.8	5.8	0.2	1.6	65.2	28.3	11.0	2.9
Naco	30.1	5.7	13.2	73.7	5.6	0.1	2.6	60.3	19.2	7.1	3.3
Praty	25.5	5.3	14.9	73.7	5.7	0.1	2.9	59.6	18.6	7.7	3.1
Rado	32.7	5.0	15.5	68.9	6.0	0.2	1.8	61.6	23.6	7.5	2.9
Scute	31.7	4.5	15.5	67.2	5.8	0.1	2.4	61.1	26.1	6.7	2.6

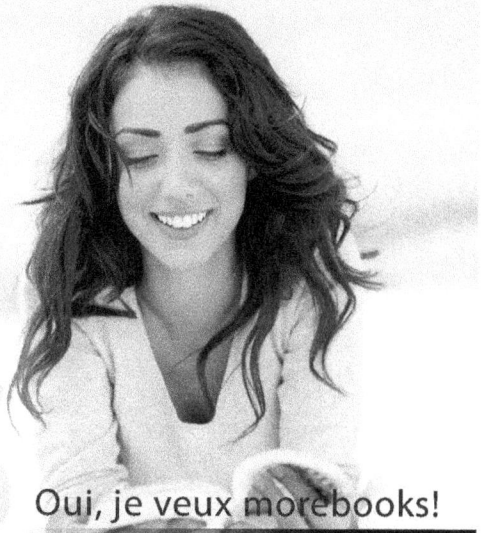

www.ingramcontent.com/pod-product-compliance
Lightning Source LLC
Chambersburg PA
CBHW020313220326
41598CB00017BA/1550